あさこ・佳代子の大人なラジオ女子会

新しいことわざ

大久保佳代子
いとうあさこ
挿絵／アメリカザリガニ

扶桑社

はじめに

女子会トーク炸裂のラジオ番組から誕生した世の中を鋭く切り取る!?「新しいことわざ」

好感度抜群で、同世代の女性を中心に圧倒的な支持を集めるお笑い芸人のいとうあさこさんと大久保佳代子さん。

お二人がＭＣをつとめるのが、ＮＨＫのラジオ番組『あさこ・佳代子の大人なラジオ女子会』です。

プライベートでも仲が良く、近所の飲み友だちでもあるお二人が、ゲストを交え、女子会トークを繰り広げます。

ともに50代という、いとうさんと大久保さん。

番組では、「アラフィフかるた」や「新しいことわざ」
「これからの人生でやりたいことリスト」など、
大人女子ならではの目線で企画を展開しています。
本書では、50代の日常あるあるから、現代社会の理不尽まで、
あさこ&佳代子が鋭く切り取った
爆笑&納得の〝新〟ことわざをご紹介します。
偶然か意図的か、同じく50代のお笑い芸人
アメリカザリガニの柳原哲也さんと平井善之さんが
担当する挿絵にも癒やされますよ。
日頃のストレスも吹き飛ぶ！
「あさこ・佳代子の新しいことわざ」をお楽しみください！

あさこ・佳代子の大人なラジオ女子会
新しいことわざ

CONTENTS

／CONTENTS／

／CONTENTS／

／CONTENTS／

いとうあさこ＆大久保佳代子

「新しいことわざ」インタビュー

いとうあさこさんと大久保佳代子さんがパーソナリティをつとめる『あさこ・佳代子の大人なラジオ女子会』。

番組の人気企画「新しいことわざ」には、そうそうそうなのよ！　という大人の日常あるあると、ちょっと考えさせられる世の中への提言も。

プライベートでも仲の良いお二人に、50代になって感じていることや、大人のつきあい、「新しいことわざ」の制作裏話を伺いました。

50代になって、自分に優しく甘くなりましたね。やる気が減るのも、ホルモンのせいなら私のせいじゃないし。

――『大人なラジオ女子会』では、「新しいことわざ」のほか、「アラフィフかるた」「これからの人生でやりたいことリスト」など、大人目線の企画をされていますが、**お二人は50代になって、考え方や生活が変わったことはありますか？**

大久保　考え方というか行動ですけど、普通にエネルギーというかパワーがなくなったんで、そうなると考え方も昔はもっとがんばってやろう、負けるもんかっていう感じだったのが、まいっか、こんなもんだよねっていう、ある意味あきらめというか、自分に甘くなりましたね。だから、遊びに行くのも、疲れてるから今日はいいかって、自分にすごく優しく、ちょっとあきらめの段階に入ってますねぇ。

いとう　各所で話してますけど、婦人科の先生に言われたことがあって、「いとうさん、50代、やる気出ないでしょ」って。台湾の先生なんでちょっと片言で、「しょーがない。ホルモンがやる気のパワーだけど、50代、ホルモン減っちゃうから。

〔 Profile 〕

大久保佳代子 おおくぼかよこ

1971年5月12日生まれ、愛知県出身。1992年に幼なじみの光浦靖子とお笑いコンビ「オアシズ」を結成。芸人を続けながらOLとして働いていたが、2013年からは芸人に専念して大活躍。屈指のトーク力で、同世代を中心とした女性に圧倒的な支持を得ている。NHK Eテレ『芸能きわみ堂』、日本テレビ『上田と女が吠える夜』、フジテレビ『ノンストップ！』、CBC/TBS『ゴゴスマ』など多くのテレビ番組に出演するほか、NHKラジオ『あさこ・佳代子の大人なラジオ女子会』、TBS Podcast『大久保佳代子とらぶぶらLOVE』ほかではパーソナリティをつとめる。書籍『まるごとバナナが、食べきれない』（集英社）も好評。

50代になっちゃったからぁ」って言われたの。で、それ聞いたときに、傷つく方もいらっしゃるかもしれないんですけど、私はとても楽になって。「やる気が出ないのは、私のせいじゃなくてホルモンのせい。じゃあ、しょうがないじゃん」って思って、もっとさぼるようになりました（笑）。

大久保　いやー、あさこさんは、みんなの中では、気力だけで生きてる人間だったので、常に気力オバケだったんですよ。そのあさこさんが、そういう境地に入ってきたっていうのが、我々はちょっと安心しましたけどね。このまま気力だけで生き続けられたらどうしようと思ってたんでね。よかったと思っちゃいました（笑）。

――逆に気をつけよう、と思っていることはありますか？

いとう　転ばないように（笑）。

大久保　言い方とかですかね。この年代って、ちょっと孤立していく怖さってあるじゃないですか。もしかしてまわりに怖いとか、怒ってると思われてる？　みたいな。だから、調子がいいときだけですけど、極力口角上げて、「なんてね」って言ったりしてます。

いとう　ハハハハ、それが一番怖いときあるけどね。「怒ってる？　ヤバい！」って。

仲良しとはいっても、適度な距離感は大切。無理なときは断る。大人のつきあいですからね。

——プライベートでも仲の良いお二人ですが、いつ頃から仲良くなられたのですか？ きっかけは何だったのですか？

大久保　30過ぎくらいからだから、20年くらいですかね。

いとう　でもガッと飲むようになったのは、40くらいからだよね。

大久保　40代の初めくらいから飲む機会が増えて。よく会うようになったかな。仕事が一緒だったり、プライベートでなんかちょっと落ち込んだり、失恋したりとか言って。若かったなーあの頃ね。なんか話すことといろいろあったんですよ。聞いてよー、ちょっとこんなツラいことがあってとか。

いとう　新しい話題がちゃんとあったんですよ。今と違って（笑）。

大久保　まあ仕事と、プライベートが似たような状況なのも合わさって、話すことがいっぱいあって、結構飲んでたっていうね。まあ、仕事が大きいよね。

Profile

いとうあさこ

1970年6月10日生まれ、東京都出身。1997年「ネギねこ調査隊」を結成。2003年にコンビ解散後はピン芸人として活動。マンガ『タッチ』のヒロイン浅倉南に扮した自虐ネタで注目を集め、2010年には「R-1ぐらんぷり」の決勝に進出。好感度抜群の女性お笑い芸人として支持を集める。日本テレビ『世界の果てまでイッテQ！』『ヒルナンデス！』『上田と女が吠える夜』、フジテレビ『トークィーンズ』、NHKラジオ『あさこ・佳代子の大人なラジオ女子会』、文化放送『ラジオのあさこ』ほか、多くのバラエティ番組やラジオMCとして活躍。劇団「山田ジャパン」には旗揚げより参加。幻冬舎文庫『あぁ、だから一人はいやなんだ。』も好評。

いとう　40くらいのときって、ホント多かったんだよね。独身、40代、ワーワー言うみたいな仕事ね。

大久保　いまだにあるけどねー。いまだにワーワー言ってるけどね。

いとう　そういうのもあって、じゃあ、仕事終わりにちょっと行く？　とかね。家もそんな遠くなかったから。

大久保　うちはワンちゃんがいるんで。ごめん、家飲みでいい？　ってね。

いとう　こちらこそですよ。いつも行くと、お食事も用意してくれるから。

大久保　ウーバーイーツですよ。なんかお食事っていうと、私が作ってるみたいに聞こえますけど。

いとう　作ってくれるときもあるじゃない。まあコロナ前はもう少し外食してたか。家飲み増えたよね。まあ年齢もあるかもですが（笑）。

――大人女子のつきあいって、仲良しであっても、例えば、飲みに行ったり温泉に行くのはいいけど、海外旅行はちょっと無理とか、距離感がいろいろあると思うのですが、お二人の場合はいかがでしょうか？

大久保　海外だと、私2泊目で、あさこさんのなんかが気になるとか、よく言ってますよね。まあ私は多分そういう人間なんですけど、ガッツリ2泊3日いるとやっぱり、ちょっと今のはー、みたいのはありますよ。

いとう　ペットボトルの開け方とか。あとトイレのタイミングが悪いんだよね、私。

大久保　まあ、しょうがない。腸が短いんだと思います。すぐトイレ行きたくなっちゃうんですよ。

いとう　一回ひどかったのが、ベトナムに行ったときに、ベトナムってバイクがすごくて、道路渡るのは勇気だって教わってたんですよ。横断歩道があっても止まんないから、とにかく人が渡ればさすがに止まるからって。で、やっと渡りきったところでお腹痛くなっちゃって。コンビニとか喫茶店とかでトイレ借りたいって思っても、日本みたいに適当なところがなくて、結局ホテル帰るってなって、またその道路渡らなくちゃいけなくて。「ホントにお前の排泄はタイミングが！」って。

大久保　そんな言い方はしてないよね？

いとう　アハハ。で、ホテルに戻っても、また門から建物までちょっと距離があって、「ホントごめんなさい、ごめんなさい」って。まあ、しょうがないんだけど、タイミングが悪いんですよ、私。すぐお腹痛くなっちゃう。

大久保　そうなんですよ。だからそんなに言うほど、何日もべったり一緒にいて大丈夫かみたいな、そういう関係性ではなくて、大人なんでお互いのペースがあるんで、会いたいときには会うし、こっちが会いたくなかったら、もちろん仕事があれば断るし、そのくらいを保つから多分うまくいくんだと思いますけどね。

いとう 距離がちゃんと保てるからね。

大久保 そう、断ったら気にしちゃうかなとか思ったら、やっぱり難しいかもね。それと50になって思うんですけど、誰かにつきあって、その時間がちょっと無理してたり、やりたいことができなかったりすると、どんどんたまっていくじゃないですか。それはもう、自分本位でいいのかなって思いますけどね。

いとう だから家で飲んでて、「佳代子さん、今日の終わりは何時の気分？」って。「22時10分かなぁ」「えっ、そんなにいていいの⁉」とか言いながら飲み進めると、日によっては「22時半までいいよ」とかなって。延長になったりするとウキウキしちゃう。

大久保 すぐ言いますよ。今日は22時で終わりなんで、もう帰ってくれって。

いとう ハハハハ、そうしたら帰りますけどね。まあ、翌日もあるからね。

大久保 そう、申し訳ないけど、それははっきり言いますね。それぞれに仕事してるんでね。まあそれが言えるからいいんですよね。

現代社会の真実や、50代の日常あるあるを表現!?
ことわざ的な意味につなげるのが大変。

――「新しいことわざ」は、出だしの文言（上の句）が既存のことわざを踏襲する形なので、結構しばりがあったと思うのですが、難しかった部分はありますか？

いとう　ことわざは、NHKさんから一覧を頂戴して、それを見ながら考えたり。

大久保　あとは自分で調べたりしましたね、なんか作れそうなやつを。まあ、お題を与えられてひねり出すのは大変だけど、あ、これできたってなってから、上の句を選んでるんで。

いとう　でも奇跡だったのは、収録のときお互い作ってくるじゃないですか。それが一度もかぶらなかったんですよね。3本録りだから、考えてきたやつがかぶると大変ですから。

大久保　約一年間やりましたけど、どうしてもやりやすいのから、やってったんで、後半はやっぱりね、うーん、ないなー、みたいなときはあったかもしれない。

思えないノリで女子会トークを繰り広げます。「新しいことわざ」は番組ラストのコー
は新企画「あさこ・佳代子のこれからやりたいことリスト」が進行中

『あさこ・佳代子の大人なラジオ女子会』では、毎週多彩なゲストを迎え、シラフとはナー。お二人それぞれに考えたことわざを持ち寄って、発表していたそうです。現在

いとう　あと、上の句が有名じゃないのまでやっても、もう、わかんないと思うので、だからこちらから、終了のお願いをしました（笑）。キリないですもんね。探せばあるんでしょうけど、みんなが知らないことわざをもじっても、なんだかもうよくわからないし。

大久保　でも、改めて並べてみると、なんだこれっていうのありますけどね（笑）。

――全部で40点作られてますが、お二人のお気に入りやイチオシはありますか？

大久保　イチオシはねぇ、自分のになりますが、「井の中の蛙　小さい池からゆっくりね」（P140参照）がいいかな。もとは「井の中の蛙大海を知らず」じゃないですか、でも、そんな無理しなくていいよっていうね。今の世の中のね、大きいところにどんどん行きなさいよとか、そんな閉じこもってないでとかいうのあるじゃないですか。でも、もう無理しなくていいよ、っていうのが込められてて、これなかなか秀作だなって思ってます。我ながら。

いとう　私は、佳代子さんの「三人寄れば　漢方の話」（P76参照）がスゴい好き。

大久保　わかりやすいですけどね。イラストもまたいいね。おばあちゃんの顔のね。

いとう　未来なのか、いや近い未来か（笑）。おばさん三人寄れば、あるあるだよね。

大久保　これ、絵も前向きな顔してるんだよね。

いとう　そう、幸せそうなんだよ。あとね、「出る杭は　もちろんのこと、出てない杭でもけつまずく」（Ｐ88参照）とか。もう、ホントに何にも出てないとこで、靴が引っかかったわけでも、ゴム草履がキュッとなったわけでもなく転ぶから、あれ不思議なんだよねー。でもあれも、膝が上がってないからって。筋力の問題って本で読んだことがある。医学的なことなら仕方ないよね、って思いつつ、気をつけなきゃなって意味では、これも好きですけどね。

大久保　うーん、こうして見ると、あさこさんのことわざって、ほぼほぼ日常生活なんだよね。あさこさんの目線からの具体的なエピソード的なのが多いんだよね。「海老で、頭ごと焼いたヤツは　どんなに気をつけても刺さる」（Ｐ96参照）とか。

いとう　だって、頭ごと食べたいじゃん。

大久保　うん、まあ、あるあるなことは言ってんだよね。

――文章は日常あるあるですけど、そこからことわざ的な意味につなげるのは大変でしたよね？

大久保　そう！　そこが難しかったんですよね。ことわざって、じゃあこれは大きく言うと、どういう意味かしらって。うーん、ってなることはありました。

いとう　まあ、無理やり何かにつなげたりしてますけど、はたして、どこまで自分が本当にそう思ってたかは疑問ですけど。

大久保　結構適当なこと言ってましたよね。

いとう　はい、適当が多いです。今さらですけど、できれば深読みしないでもらいたい。もう文字面で読んでほしいです（笑）。

大久保　まず、とりあえず文面を作っちゃうじゃないですか。できたけど、これは、ひいてはって、一般的な意味にするとっていうココがね、大変なんですよ。だって、私の「勝って兜を　かぶってショータイム!!」（P148参照）なんて、大谷翔平選手のことしか言ってないですからね。

――こちらの意味は、「大谷翔平選手のように、勝ったら兜をかぶって、喜んではしゃいじゃいましょう。つまり、調子に乗れるときなんてそんなにないから、謙遜せずに調子に乗っちゃいましょう、ということ」のようですが。

いとう　うぁー、いいこと言ってるじゃん！

大久保　ハハハハハハ、ちゃんと着地してるじゃん。まあ、大谷翔平選手は調子に乗ってるわけじゃないですけどね。もう、そういうことでいいです（笑）。

――ちなみに先ほどの海老のことわざの意味は、「海老のトゲはどんなに注意して気をつけて食べても、口に刺さり痛い思いをする。しかし、美味しいのだから負けずに向かっていってほしい」ということだそうです。

いとう　ハハハハハハ。よくわかんない。そんなのある？

大久保　ことわざとしては何を読み取ればいいんですかね？

いとう　美味しいものにはトゲがある、ってことですかね？

大久保　だから気をつけろってこと？

いとう　そう、でも、気をつけながらも美味しいものは食べていこう、チャレンジしようってことですよ。ハハハハハハ。もうそんな掘らないで。ホントに。もうこのコーナーね、一生懸命しゃべってんだよね。だって、この「暖簾に　名前入れたやつ、いつか佳代ちゃんにプレゼントするの」（Ｐ１３６参照）なんてさ。

――「いつか友だちが大きな舞台に出ていくのを楽しみにしている」っていう意味のようです。

大久保　どういうこと？　そんなことわざある？

いとう　いや、だからね。あのー、これ本当の舞台っぽく言ってますけど。

大久保　あ、人生の舞台ね。

いとう　そう！　意味にそれ追加しましょう。

大久保　人生の舞台に出ていくことを楽しみにしている。

いとう　急にそれっぽくなったね！　ひどいなー、もう。まあ、私としては、アメザリさんの絵があって、ホントによかったなって思ってます。

アメリカザリガニさんの絵があってこそ！素敵な絵に救われてます。

——アメリカザリガニさんのイラストのタッチは、お二人で全然違うんですね？お気に入りはありますか？

大久保　そう、カワイイ感じと写実的な感じで、それがまたいいですよね。

いとう　私、佳代子さんの「釈迦に　ラップ」（P132参照）が、好きですね。多分、釈迦に若干私が混じってそうな後ろ姿で。ラッパーの佳代子さんもキュートだなぁと思って。これポップで好きですね。

大久保　「犬も歩けば　ルッキズム」（P92参照）もカワイイですね。「川原の焼け石に　肉をのせたら焼ける、それが令和の夏」（P152参照）も、石と肉だけですけど。美味しそうな感じが伝わってきて素敵ですよね。

いとう　もうホントに、アメザリさんの絵がね、あってこそですよ。まあ、最後のほう、絵にまで文句言い出したりしてましたけど（笑）。

大久保　スゴい凝ってくれてるときと、あれ、もしかして疲れてんのかなとかね。

いとう　お忙しい時期なのかなっていうね、まあ、そんなこともありますけども、素敵な絵を描いていただいて、ありがたいなぁと思ってます。

大久保　まあ、ことわざ的な意味としては、ちょっとキビシいものもあるかとは思いますが。

いとう　何度も申し上げますが、あまり深掘りしないでいただいて。

大久保　楽しんでいただければと思います。

プライベートでも仲の良いお二人。自宅も近所で、家飲みすることも多いのだとか。仕事、家飲み、旅行と一緒に過ごすことも多いお二人ですが、お互いのペースは守る、無理なことは断るという適度な距離感が、大人のつきあいの秘訣だそうです

いとうあさこ：ワンピース¥41,800（税込）、パンツ¥35,200（税込）／ともにMANAMI SAKURAI（info@manamisakurai.com）　ピアス／本人私物　靴／スタイリスト私物

あさこ・佳代子の
「新しいことわざ」

新しい
ことわざ

01

〈作〉いとうあさこ

〈挿絵〉柳原哲也

（アメリカザリガニ）

意味

大切なものが何か
わからなくなったさま。

新しいことわざ 01
「清水の舞台から　私の写真撮って」

解説　2022年12月15日放送

いとう　第一回目のことわざは、「清水の舞台から　私の写真撮って」です。
大久保　どういう意味でしょう？
いとう　清水の舞台から、どこかにいる私を撮って、と。
そもそも、清水の舞台、行かなくていいの？　ってなるじゃないですか。
じゃあお前はどこにいるんだ、と。
で、意味は、大切なものが何かわからなくなったさま。
大久保　深いねー。ちょっと、なかなかの深さまでいったねー。
いとう　え、ホント？
だってさ、京都行って、清水寺の近くまで行ったらさ、
清水の舞台行きたいじゃん。で、舞台から写真撮ればいいじゃん。
でも、舞台から私を撮って、ってじゃあお前はどこにいるんだ、と。
大久保　うん、で、転じて、どういう意味でしたっけ？
いとう　大切なものが何かわからなくなったさま。
大久保　なるほど、大きく言うとね。
いとう　または、そのとまどう様子、みたいなね。

大久保　あー、そこまでね。はいはいはいはい。
いとう　どうでしょうか？
大久保　深くていいと思います。なんかいろんな意味で。
いとう　私、浅いつもりで書いたのに。
大久保　いやだから、いろいろちょっと複雑に、いろいろ考えられそうな感じするんでね、結果的に。
いとう　いいですか？
大久保　うん、いいと思います。じゃあ、こういうのを作ってこう、ということですね。
いとう　そうですね。ことわざ無限だから、もうアメザリさんのお二人ね、ウチらの、このアリ地獄から抜けられませんね。
大久保　清水の舞台から写真撮ってみたいなの、この絵、ちょっと難しいよ。これ、なかなかね。アメザリさん、お願いしまーす！
いとう　では次は私が好きなことわざから、1個チョイスして、持ってきますわ。いつが終わりかわかりませんが。
大久保　じゃあ、新コーナーが始まるということで、やっていきましょう。

新しいことわざ 02

〈作〉大久保佳代子

〈挿絵〉柳原哲也

（アメリカザリガニ）

意味

どんな強い人でも、
年老いて、
みんな平等に
身体が弱っていくこと。

新しいことわざ 02
「鬼の目にも　老眼鏡」

解説　2022年12月29日放送（年末スペシャル）　ゲスト／アメリカザリガニ

いとう　年末スペシャルということで、ゲストはアメリカザリガニの柳原哲也さんと平井善之さんでございます。お二人にはずっと「アラフィフかるた」を描いていただきまして、「あ」から始めて、先日「を」「ん」まで終わりました！

平井　スゴい重めの手錠につながれてるような感じで、かるたって、スゲー文字あるんだなって思いながら。

いとう　「を」と「ん」が来たとき、どういう気持ちでした？

平井　終わったー！　ですよ、もう。

柳原　家でもう苦行でしたからね。眠い目をこすりながら。下描きも結構考えないとダメですから。どういう構図にするかとか。

平井　お二人の動画とかも、めっちゃ見てますね。

柳原　テレビとかでお二人が出てるの見ると、あ、髪型、今こんなんかとか。あさこさん変わらへんけど。大久保さんは色変えたりしはるから。

大久保　あ、気づいてる？　私のこと、アメリカザリガニの二人が一番見てくれてるんだ。

柳原　超見てますよね。一時停止してスクショ何回したか。iPadの中に二人の写真めっちゃ入ってんねんから。

いとう　ハハハハ、よかったねー。消さないでね。まだ消さないでね。

大久保　お二人ね。かるたが終わって、これで手錠が外れたっておっしゃってましたけど、まだ外れませんよ。新たな企画が始まりまして。

いとう　「あさこ・佳代子の新しいことわざ」です。もう無限よ。「あ」から「ん」みたいな終わりがないのよ。ことわざだから。ハハハハ。

大久保　新しいことわざ、私たちが作っていきますんで、そこに絵を描いていただきたいと。前回から始まりまして、今日もね、私とあさこさんで、一つずつ用意してきてますんで。まず私の「鬼の目にも　老眼鏡」です。

いとう　あ、いいじゃない！

大久保　どんな強い人でも、年老いて、結局は、みんな平等に歳を取って、身体的に弱ってくんだよ、っていう意味です。

これはもう、イラスト描きやすいですね？

柳原　はいはい。鬼と老眼鏡、描きやすいです。

大久保　それでは「鬼の目にも　老眼鏡」。よろしくお願いいたします。

新しい
ことわざ 03

〈作〉いとうあさこ

〈挿絵〉平井善之

（アメリカザリガニ）

意味

ビールの最初のひと口が、
喉をすぎて食道を通って
胃袋に行くのを感じて、
生きているのを実感すること。

新しいことわざ 03
「喉元すぎれば、　お次は胃袋」

解説　2022年12月29日放送（年末スペシャル）　ゲスト／アメリカザリガニ

いとう　続きまして、私のことわざは、「喉元すぎれば、　お次は胃袋」です。
平井　あ、簡単だ。
いとう　この絵は平井さんの担当ですか？
ビールの最初のひと口って、喉をすぎて、食道通って胃袋行くの、
わかるじゃないですか？
平井　はいはいはいはい。
いとう　生きている実感を示す言葉です。
平井　なるほどねー。
いとう　かっこよくないですか、これ？
大久保　生きてるぞ、と。
平井　うーん。あー、これ、胃腸薬みたいな感じの絵になる。
大久保　あー、あの胃のね？　からだの中のヤツね？
平井　線４本でできましたよ。
大久保　お、もう見えた？
いとう　え、ちょっと待って。一回見せて、下絵見せてください。

平井　いや、ホラホラホラ、見て。見て見て、ホラ。
いとう　あーもう、却下です。もう一回、もう一回描いてきてください。
平井　なんやねん、なんで打ち返しあんねん。
四人　ハハハハハハ。
平井　下請けだと思って、バカにすんなよ、このヤロー！
大久保　ハハハハ、思ってないですよ、下請けなんて。
いとう　ハハハハハハ、ということで、
まだまだこちらとのご縁は無限に続きますので。
平井　こえーなー、もう。
いとう　えー、来年からもどうぞ、ひとつよろしくお願いいたします。
平井　お願いいたします。
いとう　ということで本日のスペシャルゲスト、
アメリカザリガニのお二人でした。
四人　ありがとうございましたー！

新しい
ことわざ
04

案ずるより
酒飲んで
ヒョンビン

〈作〉大久保佳代子

〈挿絵〉柳原哲也
（アメリカザリガニ）

意味

嫌なことがあっても、
酒飲んでヒョンビン見て
切り替えて、くよくよしない。

新しいことわざ 04
「案ずるより　酒飲んでヒョンビン」

解説 2023年1月5日放送

大久保　「案ずるより　酒飲んでヒョンビン」。これですね、もう。
いとう　それ意味聞かなくても、いいかもね。ハハハ。
大久保　わかります？　わかりますでしょ？
いとう　一応、聞いときますか？
大久保　もう、この通りです。もう、どうしようこうしようって言ってるよりも。
いとう　よりも！
大久保　時間もったいないから、切り替えるためにも、酒飲んじゃって、で、ヒョンビン！もう『愛の不時着』でもなんでもいいですよ、見たら。
いとう　はい。
大久保　もう、そのうだうだした悩みが一瞬で「バッ」となって、もう次に行けると。
いとう　忘れちゃうしね。
大久保　忘れちゃうから。
いとう　うん。

大久保　もう忘れてください、酒飲んで、ヒョンビン見てね。
もうくよくよしないということわざで、「案ずるより　酒飲んでヒョンビン」。
いとう　いや、語呂もいいしさ、「産むが易し」のほうがさ、
なんか行動が大変な感じするじゃん。
大久保　そう！
いとう　そんな苦労しなくていい。
大久保　そう、逃げればいいんです。
いとう　逃げればいい。
大久保　悩みとかイヤなことがあったら、もう逃げて、現実逃避だね。
いとう　うん、案じたら、一番自分の楽なものに行ってください。
大久保　そうです、もうね。
いとう　そうしたら、いいんですよ、時が流れたら終わりますから。
大久保　おっしゃる通り！
いとう　フフフフフ、ひどい。
大久保　おっしゃる通りでございます。
いとう　はい、こんな感じでね、新しいことわざを作っていきますんで、
今後とも、よろしくお願いします。

新しい
ことわざ

05

人の噂も
今やネットに
残っちゃうからねぇ

いとう
あさこ

〈作〉いとうあさこ

〈挿絵〉平井善之
（アメリカザリガニ）

意味

ネットのせいで
昔みたいに
75日では忘れないから
気をつけよう。

新しいことわざ 05
「人の噂も　今やネットに残っちゃうからねぇ」

解説　2023年1月12日放送

いとう　「人の噂も　今やネットに残っちゃうからねぇ」。
大久保　あ、時代斬ってますねえ、いいですよ。
いとう　「人の噂も七十五日」でしょ？
でも、「人の噂も　今やネットに残っちゃうからねぇ」。
昔みたいに、七十五日で忘れませんから、今って。
あと忘れても、なんかあったら、
誰かがキーワードでまた検索して、あがってきますから。
気をつけようっていう、ことわざです。
大久保　うーん、まあホント、デジタルタトゥーじゃないけど、消えないね。
いとう　そう、だから、昔みたいに口で言ってりゃ七十五日で消えるんですから、
口で言ってりゃいいんですよ。
大久保　ホントだね。
いとう　だって、ウチらなんか、口でもし言ってたらよ、
「人の噂も2時間」とかじゃん、すぐ忘れちゃうじゃん。
大久保　そうね、まあまあ忘れちゃうよ、軽いヤツはすぐ忘れちゃうよ。

いとう　そのぐらいがホントはいいのよ、ソフトで。
大久保　あー、良くないよね。ネットの噂もそうだし、ちょっとした出来事とかもね。ずっともう、人って変わっていくからさ、忘れてやれよ、っていうこと、いっぱいあるよね。
いとう　だからほら、一時期あったじゃん、若いカップルがさ、二人でチューとかしてる動画のっけてさ。でも一生残るのよ、それが。
大久保　のっけちゃダメよね、やっぱね。
いとう　そう、「噂は口で」ということわざでした。
大久保　写真はプリントで、だね、現像してね。
いとう　フフフ、現像してね。で、アルバムに貼ってさ、一枚一枚。
大久保　そうそう！　で、破って捨てちゃえばいいんだからさ、もし別れたらね。
いとう　それでいいんだよ。
大久保　そうしましょう、みなさん。
いとう　あるなー、ページの空いてるアルバム、あるな、ウチ。
大久保　あるねー、捨てたんだろうね！
いとう　うん、もう覚えてないや。

新しい
ことわざ
06

可愛い子には
そろばん
お習字
スイミング

〈作〉大久保佳代子

〈挿絵〉柳原哲也
（アメリカザリガニ）

意味

子どもたちに
大事なことはこの3つ。
ぜひやっていただきたい。

新しいことわざ 06
「可愛い子には　そろばん　お習字　スイミング」

解説　2023年1月19日放送

大久保　「可愛い子には　そろばん　お習字　スイミング」。これじゃないかと思うんですよねー。
いとう　わー、なんかとっても昭和な感じがするけど。
大久保　わかります。
いとう　え、なんだっけ？　えーと。
大久保　そろばん、お習字、スイミング。
いとう　語呂もいいねえー。
大久保　でもねー、誰かね、ちょっと忘れちゃったけど、偉い大学教授だか、なんか偉い人に聞いたら、やっぱ、「そろばん」っていいらしいのよ。
いとう　私もそれやんなかったのが、悔しいの、今でも。
大久保　そろばんって、やっぱりその、まあ割り勘もそうだけど、数字をパパッて、こう、計算できるのは、幼少期にやると、ずーっと続くんだって、大人まで。
いとう　佳代ちゃん、早いよね。そろばんやってたもんね。
大久保　暗算とか、渥美半島で暗算3位だから。

いとう　すごいよ。
大久保　あと、お習字は、やっぱり字がきれいだとね、なんかすごく、その人の人間性が急激にアップしない？
いとう　わかる。私もお習字、ちょっとやってた。
大久保　上手だもん。あさこさん、字、上手だし。あとは、スイミングって、やっぱ全身運動だから。これ、からだも丈夫になります。というわけで、「可愛い子には　そろばん　お習字　スイミング」というのが、私の、えー、子どももいませんが。
いとう　はい、ハハハハ、未来に託すわけね。
大久保　ええ、未来に託します。
いとう　令和の世に。
大久保　ええ。これを、ぜひ、やっていただきたいと思います。いろいろあるけどね、習い事はいっぱいあるけど、基本これじゃないか、ということで、お伝えさせていただきました。
いとう　どうでしょうか？　ということですね。
大久保　はい、ご検討をお願いいたします。

新しいことわざ 07

頭隠して、
って言われても
頭周り60センチ
あるんですけどぉ

いとうあさこ

〈作〉いとうあさこ

〈挿絵〉柳原哲也

（アメリカザリガニ）

意味

頭隠してって言われても、
そもそも頭が一般のレディースの
帽子に入らない。
転じて、人それぞれ、ということ。

新しいことわざ 07
「頭隠して、 って言われても頭周り60センチあるんですけどぉ」

解説 2023年2月2日放送

いとう　今日はこちらです。
「頭隠して、って言われても 頭周り60センチあるんですけどぉ」。
大久保　えー、びっくりー、ってやつですか?
いとう　はい。
大久保　あー。
いとう　頭隠してって言われても、そもそも頭が入らないよ、隠れないよ、と。
大久保　60センチは、まあまあだね。
いとう　そう。あの、昔のアイドルの。
大久保　ウエスト?
いとう　そう、ウエストと一緒だったの。
大久保　確かに。
いとう　だから、一般の帽子が入らないんですよ、レディースの。
大久保　あー、はいはい。
いとう　メンズか、ニット。伸びるやつじゃないと無理。

大久保　あの、伸びるニットね？
いとう　だから、そんな、一辺倒に言ったって、人それぞれだよ。
「人はそれぞれ」って意味です。
大久保　あー、そっか、素晴らしい！
いとう　今、付け加えました。
何ごとも人それぞれってことです。ハハハハ。
大久保　なるほど。できることと、できないことがありますよね。
いとう　はい、そうです。
大久保　ということで、じゃあ、お別れしましょう。

新しいことわざ 08

地震雷
餅段差

大久保佳代子

〈作〉大久保佳代子

〈挿絵〉平井善之

（アメリカザリガニ）

意味

現在の怖いもの。

新しいことわざ 08
「地震　雷　餅　段差」

解説　2023年2月9日放送

大久保　「地震　雷　餅　段差」です。
いとう　もー、どうしよう。説明いらないや。
大久保　いらないでしょ？
いとう　あのー、全部わかる。
大久保　新たな怖いものです。
餅って、やっぱね、油断しちゃダメよ、あさこさん。
いとう　餅はだって。
大久保　一定数、毎年餅で亡くなってる方がいるから。
ホントに、気をつけたほうがいい。
いとう　で、飲み込むのもそうだしさ。
大久保　うん。
いとう　あと、ほら、詰め物とかが弱ってきて、取れちゃってさ。
大久保　あ、そっちね？　歯ね？
いとう　上手に食べられなくなったりするのよ、お餅って。
大久保　わかります。そうそう、餅、怖いよ、餅怖い！

いとう あんなね、つきたての柔らかいね。
大久保 美味しかったね?
いとう アツアツのなんか、ちっちゃい頃、よくついたよ、おじいちゃんちで。
大久保 吸うぐらいの感じのね? シュシュシュッて食べてたね、昔ね?
いとう 餅を「吸う」とか「飲む」とか、そんな言い方って、ないっけ?
大久保 だって、餅吸う人さ、正月現れたじゃん。
こうやって、長い餅をずーっとこうやって、ススススッて。
いとう あ、そっか、あの宴会芸か。
大久保 なんかね、すごい特技みたいな人ね。
いとう いたいたいた。長細い餅がね、どんどん吸われてくやつでしょ?
大久保 あれ、怖かったね、見ててね。いまだに思い出すけど、
餅、ずーっと出してんだか、吸ってんだかわかんないぐらい、こうやってね。
いとう どっちかわかんないよね? 早回しだったのかな?
大久保 というわけで、「地震　雷　餅　段差」でお願いいたします。
いとう 最高です。

新しい
ことわざ
09

嘘から出た
次の嘘

いとう
あさこ

〈作〉いとうあさこ

〈挿絵〉平井善之
（アメリカザリガニ）

意味

一度嘘をつくと次々と
嘘を重ねて自分を追い詰めて
しまうことになるから、
本当のことを言おう！　ということ。

新しいことわざ 09
「嘘から出た　次の嘘」

解説　2023年2月16日放送

いとう　今日のことわざは、「嘘から出た　次の嘘」です。
大久保　あー、わかるわ。
いとう　ちょっとちゃんとね、
今回は、格言っぽいの思いついちゃったのよ、急に。
大久保　いやそんな、頭かきながら言われても。ハハハ。
いとう　ほら、嘘つくとさ、例えば、あのー、
今日ごめんなさい、ちょっと用事があって行けないんですー、とか言ってさ、
そうすると、もうどこも行けなくなったりさ、SNSで書けなくなって。
大久保　そうね、はいはいはい。
いとう　今度はまた、次の嘘とかってなるじゃん。
大久保　そうだね。
いとう　だから、ホントのことを言おうっていう意味です。
大久保　嘘はね、重ねちゃうのよね、結局ね。
いとう　そう。
大久保　で、苦しくなっちゃうのよ、自分がね。

いとう　で、自分が何の嘘ついたかわかんなくなるからさ。
大久保　ああ、もう一番良くない。
いとう　もう全部本当のことでいきましょうよ、っていうことわざでした。
大久保　まあね。
いとう　珍しくまじめに。
大久保　まじめにやっていただきました。
いとう　これがアメザリさんのどんな絵に、なることやら。
大久保　ホントね、絵、難しいね。
いとう　ということで、本日はお別れでございます。

新しいことわざ

10

〈作〉大久保佳代子

〈挿絵〉柳原哲也

（アメリカザリガニ）

意味

どんなに
悲しいことがあっても、
イケメンに「チュッ」と
されたら「パッ」と明るい
感情になれる。

新しいことわざ 10

「泣きっ面に　キス　※ただしイケメンに限る」

解説　2023年3月2日放送

大久保　「泣きっ面に　キス　※ただしイケメンに限る」。
いとう　イヤーン、バカーン。もう意味聞かなくてもいいぐらい素敵だけど。
大久保　そういうことです。泣いてる、どんなに感情が悲しくても、イケメンがチュッってやったら、もうパッとこう、違う感覚に、感情になれるという。
いとう　いやー、あるよねー。
大久保　ある。
いとう　だから、涙を唇でふさぐ、みたいなね？
大久保　ああー、素晴らしいこと！ ちょっとしょっぱいよ、って言って。
いとう　アハハハハハ。塩分過多だよ、なんつって。
大久保　ただしイケメンに限る、ということで但し書きさせていただきましたが。
いとう　うわー、なんかそんな日、まだ来るかなあ？
大久保　来ません！
いとう　えぇー！ そんなハッキリ言う？

自分でそのことわざ読んどいて、それ言う？

大久保　うん、まあでも希望は持っていきましょう！

希望なくなったら、何も起こりませんから。

想像できないことは実現しないって思って、日々、想像してください。

いとう　でも、まず、そもそもそんな泣かなくなってきたっていうね。

大久保　あー、強くなっちゃった。

いとう　ヤバいよー。

なんかいろいろ、結果、考えさせられることわざだよ、私は。それ。

大久保　そうね、うん。まあでも変なとこで泣いてるのはよく見ますけどね。

いとう　あー、わかる。

大久保　テレビとかで泣いてますよ。

いとう　あのー、仲間が、ガンバレルーヤががんばったとことか。

大久保　そうですね。

いとう　そういうとこあるよね？

大久保　では、終わりましょう。

新しいことわざ 11

一寸の虫にも
もちろんビビる

いとうあさこ

〈作〉いとうあさこ

〈挿絵〉柳原哲也

（アメリカザリガニ）

意味

虫は一寸（3センチくらい）でも、
結構大きいし、怖い。
つまり「ナメるな」ということ。

新しいことわざ 11

「一寸の虫にも　もちろんビビる」

解説

2023年3月9日放送

いとう　「一寸の虫にも　もちろんビビる」。
大久保　はい。どういう意味でしょう。
いとう　いや、一寸の虫って、ひと口に言ってもさ。
大久保　ええ。
いとう　一寸って3センチじゃないですか。
大久保　そっか！
いとう　そこそこよ！
大久保　あー、デカいね。
いとう　デカいのよ、怖いのよ、こっちは。
大久保　虫はねー、慣れないね。
いとう　だからもう、意味は「ナメるな」ってことです。
大久保　えーと？
いとう　一寸の虫もナメるな、っていうことを伝えたい。
大久保　ああ、なるほどね。
そりゃそう、虫は怖いわ、大きくてもちっちゃくてもね。

いとう　ちっちゃくてもさ、動き方とか脚の数とかで、私ダメなんですよー。
大久保　わかるー、やっぱり見慣れないよね、なかなかね、あの子たちね。
いとう　あれ何だろうね？
いろんな国で昆虫食だっていって、虫も食べてきたよ、各種。
大久保　はいはい。
いとう　でもやっぱり！　やっぱりダメだ！
大久保　いやー、そうですよ。
いとう　はい。
大久保　申し訳ない、虫のみなさんにちょっとね。
いとう　虫のみなさんに、あのー、不適切な発言があったことは、
ここでお詫び申し上げますが。
大久保　もちろん五分の魂ありますから、虫にもね？
いとう　五分どころかね？
大久保　ありますからさ。
いとう　虫に、十分の魂あるかもしれませんが。
大久保　共存していきたいな、とは思っております。
いとう　はい、今日はそれが伝えられたらお別れです。

新しい
ことわざ
12

三人寄れば漢方の話

〈作〉大久保佳代子

〈挿絵〉平井善之

（アメリカザリガニ）

意味

おばさんは三人集まれば、
漢方や人間ドックや
健康の話をしてしまう。
つまり「いつまでも元気でいよう」
ということ。

新しいことわざ 12
「三人寄れば　漢方の話」

解説 2023年3月23日放送

大久保　「三人寄れば　漢方の話」っていうね。
いとう　わー、それさ、前回のゲストじゃない?
ピロ子でしょ? 森口ピロ子でしょ? (前回のゲストは森口博子さんでした)
大久保　まさに。で、まあ言っちゃうと。
これあのー、まとめて収録してますんで、ほんの小一時間前の話です。
私とあさこさんとピロ子さんが、漢方の話をしてて、話が止まんなくなって。
いとう　そう、で、放送終わったあともね、ずーっと漢方の話してたもんね。
大久保　これいいわよー、でも体質あるからねー、あの一概には、って、
ちゃんと言ってね。
いとう　うん。それ3回ぐらい言ってくれたもんね。
大久保　そうそう、食いつかないでよー、一応調べてよー、ちゃんと、
って言いながらね。
いとう　そう、人それぞれの体質だからね、合わないかもしれないけどね、
でも、いいのよー、って言って。私が花粉症でね。
ちょっと鼻グズグズさせてたからさ。

大久保　ホントそう。三人寄れば、漢方、人間ドック、健康の話よ。
いとう　おばさんに限りますけどね、おばさん三人寄ればにちょっと限りますが。
大久保　女、女三人寄ればね、昔はかしまし娘なんて言ってましたけど。
いとう　ハイハイハイハイ。
大久保　もうちょっとリアルなやつよね。
いとう　そうね、ある一定の年齢の人はこうなりますよ。
大久保　確かに。そうやってね、あのー、
できるだけ元気に過ごしていこうという。知恵ですよ。
いとう　いやいやいやホントに。
大久保　だからそういう意味でしょ？
いとう　そういう意味です。
大久保　ハハハハハ。
いとう　いつまでも元気でいましょうって。うん、そういう意味で、
「三人寄れば　漢方の話」ということで。まとまりました。

新しい
ことわざ

13

習うより
寝ろ

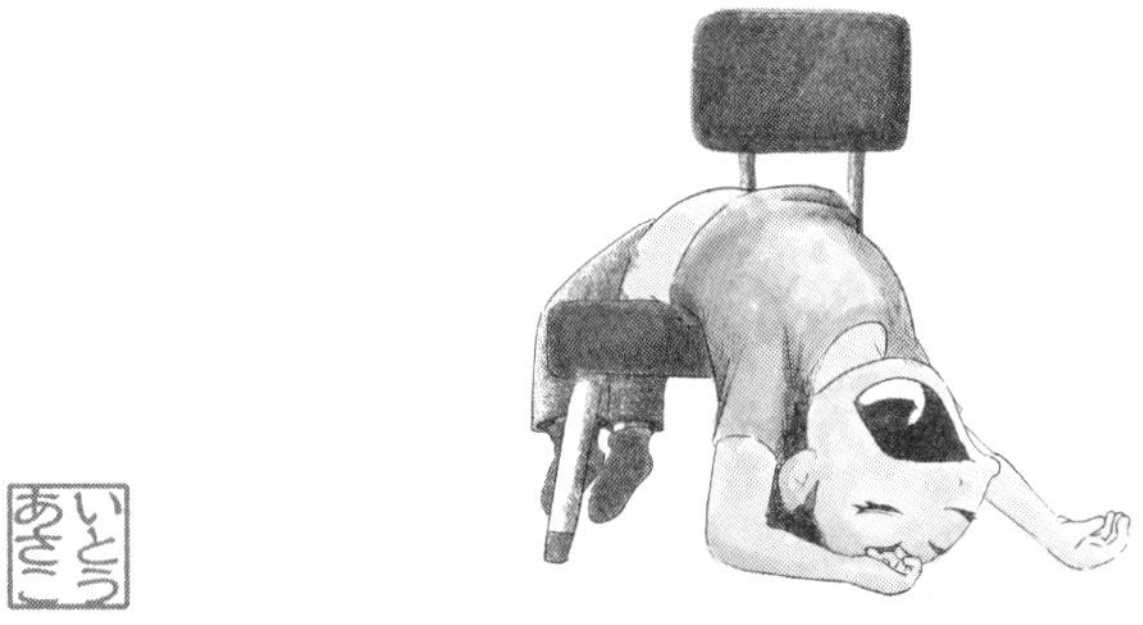

〈作〉いとうあさこ

〈挿絵〉平井善之
（アメリカザリガニ）

意味

寝ないともう
習うこともできない、
つまり「休息は大切だ」ということ。
特に50代に向けてのことわざ。

新しいことわざ 13
「習うより　寝ろ」

解説 2023年4月6日放送

いとう　本日のことわざは「習うより　寝ろ」です。
大久保　あ、どういうことでしょう、これは？
いとう　寝ないと、もう習えない。
大久保　体力ね？
いとう　そうです。
大久保　あー。
いとう　休息の大切さを伝えてます。
大久保　なるほど！
いとう　はい。
大久保　寝たうえで、またやればいいですか？
いとう　そうですそうです。まず習うより、寝ろ。
大久保　まず寝て。
いとう　これは、特に50代に向けてのことわざですね。
大久保　はいはい、もちろん。
いとう　若い方は大丈夫です。

大久保　寝て、万全な態勢にしてから、習えということね。
いとう　というのを考えてきたんですけど、さっきの佐藤浩市さんのお話を伺ってたら、まあ寝るとかじゃなくて、新しいことにチャレンジしていくのが素晴らしいな、と思ったところなので、今、ゴニョゴニョ言ってしまいました。
大久保　ゴニョゴニョ言っております。
いとう　はい。
大久保　もう、これもね、アメザリさんに絵にしていただいて。
いとう　はい、よろしくお願いします。
大久保　いやあ～、浩市ロスだ、もう。
いとう　ホントよ、早いわロスが。
大久保　浩市ロスだ、もうやだ～。
いとう　そんなこんなでお別れです。

※この日のゲストは佐藤浩市さんでした。

新しい
ことわざ

14

棚から
いや、冷蔵庫から
TVリモコン

〈作〉大久保佳代子

〈挿絵〉柳原哲也
（アメリカザリガニ）

意味

意味はそのまま。
50代からはこういう
うっかりがあるよ、ということ。

新しいことわざ 14
「棚から　いや、冷蔵庫からTVリモコン」

解説 2023年4月13日放送

大久保　「棚から　いや、冷蔵庫からTVリモコン」。
いとう　わかる〜。
大久保　あるあるの、あるある風景。
いとう　もう説明はいらん。
大久保　いらんでしょう？
いとう　わかった！
大久保　あの棚はねー、ウチないんですよ、ああいう棚、戸開けるやつね？　さすがに、サザエさんちみたいな、
いとう　ハハハハハ。
大久保　まんじゅう置いてあったような。
いとう　ハイハイハイ。
大久保　ああいう棚は、さすがに一人暮らしで、今ないんですが。
いとう　うん。
大久保　冷蔵庫開けたときに、ホント、見つからなかったリモコンとかさ。
いとう　携帯入ってたことあるよ、私。

大久保　携帯も、冷やしちゃってね。
いとう　うん。キンキンに冷やしちゃって。
大久保　そう、大丈夫だった？
いとう　ビックリした。ずーっとないのよ。携帯が。
大久保　うーん。
いとう　おかしいなおかしいなって、自分の動線を追っていくじゃん。
大久保　はい。
いとう　そういうときに、あっ、一回さっき缶ビール取ったな。
で、そのときに、あっ、グラス取んなきゃとか、別のこと考えた、まさか！
大久保　そうなのよ。
いとう　キンキンに冷えてた！
大久保　そう、だからまあ、そういうことがあるなっていう、
これはまあ50代からのあるあるのことを、ことわざにしました。
いとう　はい。あのー、胸にくる新しいことわざを、ありがとうございます。
大久保　こちらこそです。

新しいことわざ 15

出る杭は
もちろんのこと、
出てない杭でも
けつまずく

〈作〉いとうあさこ

〈挿絵〉柳原哲也

（アメリカザリガニ）

意味

出ている杭につまずくことはもちろん、「出てない」と認識されるぐらい、ちょっとしかない杭にもつまずくことがある。つまり「歩くときはちゃんと足を上げよう」ということ。

新しいことわざ 15
「出る杭は　もちろんのこと、出てない杭でもけつまずく」

解説　2023年4月20日放送

いとう　「出る杭は　もちろんのこと、出てない杭でもけつまずく」。
大久保　あっ、これはもう物理的な杭になりました？
いとう　はい。
大久保　ハハハハ。
いとう　出てる杭に、けつまずくことはもちろん、出てないと認識されるぐらい、ちょっとしかない杭に、コケることがある。
大久保　なるほど。
いとう　ここから、歩くときは、ちゃんと足を上げよう、ということです。
大久保　シンプルですね、非常に。特に深みはなく、もう杭、物理的なことですもんね？
いとう　はい。
大久保　なるほど。
いとう　いや、ホントにひどいなーと思うのは、1センチ2センチでも段差とかあればいいんですよ。
大久保　うんうん。

いとう　なんか昔のお城とか行って、あの、石が地面に埋め込まれてる階段とかあるじゃない？

大久保　うんうん。

いとう　あれがホントに、土がはげて石がちょっと出てるとかね。あれを段差とするなら、あれがあるならいいんですよ。

大久保　うん。

いとう　こないだも、佳代子さんに言った気もするけど、横断歩道の、あの白い1ミリぐらいの厚さで転んだことあるんです。

大久保　なるほど。

いとう　つまずいたじゃないんですよ、ちゃんと転んだんです。

大久保　あそこに引っかかったんだ？

いとう　1ミリの、あのコーティングされてるとこにね？

いとう　だから、ちゃんと膝を曲げて、足を上げて歩こう、って決めた日ですね。

大久保　意識ですね、意識が大事。

いとう　それを、みなさんにお伝えできれば幸いです。

新しいことわざ

16

犬も歩けば
ルッキズム

大久保佳代子

〈作〉大久保佳代子

〈挿絵〉平井善之

（アメリカザリガニ）

意味

人間界ではルッキズムは良くないという
考え方が浸透してきているが、
犬はいまだに見た目を
とやかく言われたりする。
犬の世界も時代とともに
変わっていってほしい、ということ。

新しいことわざ 16
「犬も歩けば　ルッキズム」

解説　2023年4月27日放送

大久保　今回は「犬も歩けば　ルッキズム」です。
いとう　ちょっと待って。いろんな方向考えられるよ、これ。
大久保　ルッキズム、まあ人間界ではさあ、
もうあんまり見た目のこと言っちゃダメとかね、遠慮してるじゃない？
いとう　今やね、うん。
大久保　でも、犬界って、まだそのルッキズムはダメって考え方が、
浸透してなくて。パコ美つれてたらさ、ホント変なおじさんからさ、
「太ってんな、この犬は！」ってすごい言われたの。
いとう　ちょっと待って、一回、そいつ会わせろ！私が文句言うわ！
大久保　ウチの子、「太ってんなコレ、何食べてんだコレ」みたいに言われて。
いとう　ひとんちの子！
大久保　「そうなんです、太っちゃってるでしょ」って言って、怒れなかった。
なぜなら、どっかで私も「犬だから」って思ってたかもしれない。
いとう　アハハハハハ。
大久保　だからもう、犬の世界もそろそろね、

もうそんなルッキズムみたいなのは良くないから。
敏感に、時代とともに変わってってほしいな、っていう意味合いですね。
いとう 確かにね。まあ、言い方もあるよね？
その、知らんひとんちの犬にさぁ。
大久保 やっぱさ、東京の都会でもね。
いとう いるんだなっていうね？
大久保 ああいう一定数のおじさんいるね？ 失礼な、ぶしつけな。
いとう 昭和の。
大久保 そう！
いとう 昔の田舎のおじさんね？
あの、麦わら帽子とランニング着てるような人ね？
大久保 「なーんでお前、結婚しねえんだ？」みたいなこと言ってくるおじさん。
いとう っていう人ね？
大久保 いました、東京にも。
いとう あー、発見です。
大久保 というわけで、今回のことわざでした。

新しい
ことわざ

17

海老で、
頭ごと焼いたヤツは
どんなに気をつけても
刺さる

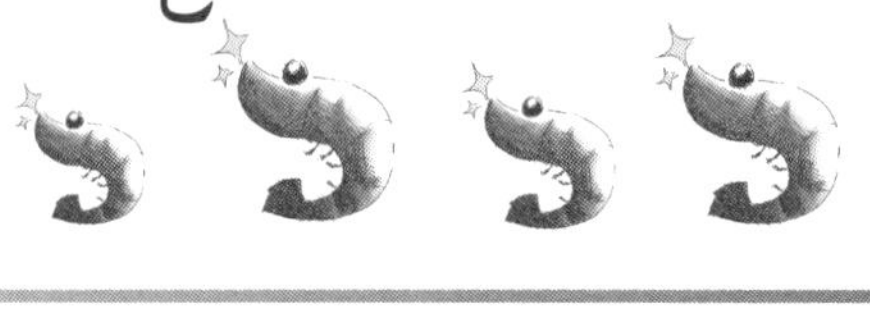

〈作〉いとうあさこ

〈挿絵〉平井善之
（アメリカザリガニ）

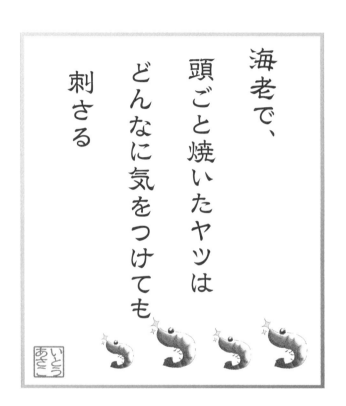

意味

海老のトゲはどんなに注意して
気をつけて食べても
口に刺さり痛い思いをする。
しかし、美味しいのだから
負けずに向かっていってほしい。

新しいことわざ 17
「海老で、　頭ごと焼いたヤツはどんなに気をつけても刺さる」

解説　2023年5月11日放送

いとう　「海老で、　頭ごと焼いたヤツは どんなに気をつけても刺さる」。
大久保　どういう意味でしょうか？
いとう　あの、海老って、生とかいろいろあるじゃないですか？
大久保　えぇえぇえぇ。
いとう　で、海老で、頭ごと焼いてるヤツ、あれってどんなに気をつけて、わかってて気をつけても、刺さるんですよ、食べるときね。
大久保　はいはいはい。
いとう　だから、注意してても痛いときはあるよ、っていうことを伝えたい。
大久保　注意してても、トラブル、災難が起こることはあるよってこと？
いとう　うん。でも、美味しいよね？
大久保　うんうんうん。
いとう　だからあの、そんなことに負けずに向かってってってほしいっていう意味を、今つけました。
大久保　なるほど。
いとう　はい。

大久保　多少のね、リスクはしょうがないと。
いとう　はい。なんで、ぜひ焼いた海老、めでたいときに召し上がりますからね。
大久保　そうね。
いとう　ぜひ頭付きで、どうぞ！
大久保　バリバリいきたいもんね、あれやっぱりね？
いとう　そうなのよ、そうなの。
大久保　躊躇せずね、確かに、あれはね。
いとう　結局、躊躇してさ、あの、なんて言うの？
首のところって言うか、あの、いわゆる味噌をチューチュー吸う向きから口に入れてもさぁ、最終的に刺さるのよ、どの向きから入れたって。
大久保　そっか。
いとう　そう。
大久保　刺さる前提で食べましょう、っていうことですね？
いとう　はい。だから、リスクに負けずに、
チャレンジしようっていうことです。
大久保　はい。そういうことわざでした。

新しいことわざ

18

親しき仲にも
レトルトカレー

〈作〉大久保佳代子

〈挿絵〉柳原哲也

（アメリカザリガニ）

意味

親しくなった友だちへのお土産には、
間違いないから
「レトルトカレー」を買っていく。
そのちょっとした気遣いで
関係性を良好に保つことが
できるということ。

新しいことわざ 18
「親しき仲にも　レトルトカレー」

解説　2023年5月18日放送

大久保　「親しき仲にも　レトルトカレー」。これは言わずもがなですが。
いとう　あれー、私のことかな？
大久保　私たちのことという意味合いで。
親しくなってきたとしても、その、どこか地方に行ったり、海外に行ったときに、「あれ、このカレー買ってってあげたいな、あの人に」っていう気持ちをいまだに持ち続けてる、まあ、あさこさんのことですね。
いとう　アハハ、そうですよね。レトルトカレー、すぐ買ってくるもんね。
大久保　私もだからたまに、私あんまりお土産買う人じゃないんですけど、たまにあさこさんに買ってってあげたいな、っていうか、「あ、じゃあレトルトカレーでいいや」って思えるようになったんで。
いとう　アハハハハハハ。だって間違いなくない？　一人暮らしのさ。で、絶対美味しいじゃない？　地方のなんか美味しいもん、お肉とか使ってさ。
大久保　そうそう。間違いない。
今、レトルトカレー、めっちゃ美味しいもんね？
いとう　ごちそうだよ！　米にかけるもよし、冷凍うどんにかけるもよし。

卵とかチーズ入れて、おつまみにしてもよし。
大久保 あー、でも、ちょっとウチの台所の棚、一回見に来てもらっていい？
いとう まさか？
大久保 まあまあレトルトカレーたまってますから。
いとう あー、ヤバい、ヤバい。ちょっと一回、控えようかな。
あの、あげ続けちゃうからね、私がね。
大久保 いろんなとこ行きがちだからね、多いんです。
でもこういうことですよ。やっぱ、親しき仲にも、ちょっとした気遣いがあると、
やっぱこう、関係性が良好になるんじゃないかと。
いとう あ、よかった、そっちね？
大久保 ええええ。そんなもちろん！
いとう よかったよかった。
大久保 そんなもう、いらないとか言ってるわけじゃないですよ、これ。
いとう 戸棚があふれちゃってるから。
大久保 それはひとつ、ちょっと言っときますけどね。
これも親しき仲で言えることですよ。
いとう あ、そうだね、よかったです。

新しい
ことわざ

19

重箱の隅を
キレイにしたい時は
つけおき

いとう
あさこ

〈作〉いとうあさこ

〈挿絵〉柳原哲也
（アメリカザリガニ）

意味

端っこにたまった汚れも、
時間をかければキレイになる。
転じて、心の中にたまった
モヤモヤも
時間が解決してくれる。

新しいことわざ 19
「重箱の隅を　キレイにしたい時はつけおき」

解説 2023年6月1日放送

いとう　「重箱の隅を　キレイにしたい時はつけおき」です。
大久保　あ、もしかしてだけど、あのー、リアルに、器としての重箱のことを言ってます？
いとう　えっとー、基本はそうなんですけど、深い意味で言うなら、端っこにたまった汚れも、時間が経てば、時間をかければキレイになるから、安心してくださいっていうことで、ハハハハ。
大久保　どこが深くなったの、今？
いとう　アハハハ、いや、ほら心の中にたまったイヤなこととかね。
大久保　あ、心の中にたまった、隅にあるちょっとしたモヤモヤも、何？
いとう　時間をかけたら。
大久保　うん。
いとう　キレイになりますから。
大久保　ハハハハ。
いとう　安心して暮らしてください、っていうことです。
大久保　あ、時間、あのー、時間が薬みたいなことですか？

いとう　うん。私、これできたとき、
うわー、なんてメッセージ性が強いって思ったんだけど。
大久保　全然ないでしょ？
いとう　佳代子さんと話したら、ないことに気づいた、ハハハハ。
大久保　私はホントに、あの、おせちの重箱を、なんかあの、
つけおきしてる絵しか浮かばないですけど、心なのね。
いとう　でもホントはね、漆はあんまりつけおきしないほうがいいんだよね。
なのでみなさん、やりすぎないように気をつけてください。
大久保　器の話じゃないか、もう！
いとう　いや、心ですよ。心の中にたまったモヤモヤも
時間が解決してくれるということで、お別れです。

新しい
ことわざ

20

取らぬ狸に
キス妄想

〈作〉大久保佳代子

〈挿絵〉平井善之
（アメリカザリガニ）

意味

取ってもいないイケメンを勝手に彼氏に想定してキスを妄想するのは、お金もかからないし健康にもいいいエンターテインメントなので、とても意味がある。

新しいことわざ 20
「取らぬ狸に　キス妄想」

解説　2023年6月8日放送

大久保　今回のことわざは、「取らぬ狸に　キス妄想」。
いとう　怖い怖い！　何？　怖い怖い！　何？　聞いていい？
大久保　あのー、まあ、取らぬ狸だから、もう取ってもない狸。
いとう　まあそれ男性でもいいですよ。
大久保　はい。
いとう　もうこんな絶対ありえない、例えば、北村匠海くんとかをね？　勝手に取っちゃって。
大久保　出てくるねー。
いとう　もう彼氏にしちゃって。
大久保　はい。
いとう　で、どんなキスするのかな、こんなキスとか楽しいよな、なんていう妄想するのは、すごく意味があるんではないか、逆に。
大久保　逆に!?　あ、意味がないっていうんじゃないんだ。
いとう　だって、妄想ってこんな、お金もかかんなくて、楽しいエンターテインメントないじゃない？

いとう　ホルモンも出るらしいよ？
大久保　そうそう、健康にいいって言うね？
いとう　なんかいいんだってね？
大久保　そう、だから、もうホントに、取らぬ狸でキスを妄想するのは、からだにもいい、意味があることですよっていうのを、声を大にして言いたいという。
いとう　じゃあ、今日もやりましょう！
大久保　取らぬ狸でね。
いとう　ウフフフフ。
大久保　今日は誰を狸にしてやろうかな⁉
いとう　怖いよー。アハハハ。
大久保　ハハハハ、怖いですね。
いとう　そんなこんなでお別れです。

新しいことわざ

21

餅は
キライじゃないけど、
だったらご飯2膳食う

いとうあさこ

〈作〉いとうあさこ

〈挿絵〉平井善之

（アメリカザリガニ）

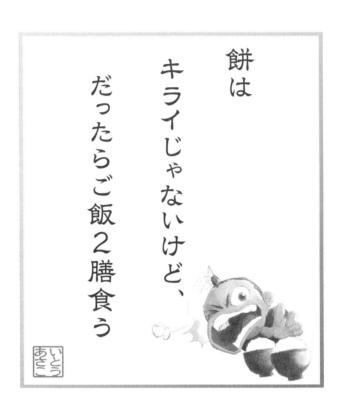

意味

餅は1つでお茶碗2膳分と言われるが、
餅を食べるならご飯のほうで楽しみたい。
つまり、パッと食べられるものより、
お米だからこそ佃煮やおしんこなどの
お供があり、いろいろ楽しめる。
転じて、人生、遠回りをすると楽しいこともある。

新しいことわざ 21
「餅は　キライじゃないけど、だったらご飯2膳食う」

解説　2023年6月15日放送

いとう　「餅は　キライじゃないけど、だったらご飯2膳食う」。
大久保　これは深い意味ありそうだなー。
いとう　はい、あのー、私、餅、別に嫌いじゃないんです。食べたら美味しいんですけど。
大久保　うん。
いとう　あれ、だいたいお茶碗のご飯2膳分って言うじゃないですか？
大久保　言うね、餅ね。
いとう　ギュッってなってて、パッと食べられる。
大久保　はいはいはい。
いとう　いや、でも、だったらご飯で食べたいよねっていう意味です。
大久保　そっから人生に置き換えると、どういう意味なんですか？
いとう　置き換えると。えー、そんな、あのー、なんでもパパッって、手早くやるんじゃなくて。
大久保　はい。
いとう　時間がかかる、遠回りでも。

いいんじゃないですかっていう、フフフフ。
大久保 時間がかかったとしても。
いとう かかったとしても、その遠回りをしたことで、お餅では味わえない、お米だからこそ、佃煮があり、おしんこがあり。
大久保 ご飯のお供が。
いとう そう、卵もかけちゃって、何度も楽しめるっていう。
大久保 いいでしょう！ 人生、遠回りもありだと！
いとう 遠回りもありだという意味を込めて、ことわざ読ませていただきました。
大久保 わかりました。
いとう 大丈夫ですか？
大久保 もちろんです、もう素晴らしいです。
いとう どんな絵が来るんだろう？
大久保 ホントにね。
いとう 楽しみです。

新しいことわざ

22

真綿で
優しく包み、
ホットミルクを
差し上げます

〈作〉大久保佳代子

〈挿絵〉柳原哲也
（アメリカザリガニ）

意味

人は、厳しくされるより
優しくされたほうが、
素直になって本性を出してしまう。
つまり、「優しくありたい、
穏やかにいこう」ということ。

新しいことわざ 22
「真綿で　優しく包み、ホットミルクを差し上げます」

解説　2023年6月22日放送

大久保　「真綿で　優しく包み、ホットミルクを差し上げます」。
いとう　泣いちゃうかも、あー、泣いちゃうかも。
大久保　そう、結局人ってさぁ、優しくされたりしたほうが、泣いちゃうって言いますよね？　素直になって。
いとう　なる。
大久保　もし何か罪を犯してたなら、自白をしたりとかね。
いとう　ハハハハハ。
大久保　なんかそういう、結局、ジワジワ首を絞めるんじゃなくても、優しさで包み込んであげたら、その人が何かいろんなことを告白したり、素直になって、本性を出すんじゃないかっていう。
まあ北風と太陽じゃないけどさ。
いとう　優しさの勝ち？
大久保　優しさの勝ちです。優しくありたい。
いとう　ありたいね。つい、キャンキャンしちゃうからね、私なんて。
大久保　うーん、キャンキャンするのやめよう。

いとう　うん、穏やかに。
大久保　今日、寝るまでは穏やかにいこう！
いとう　あっと言う間だよ！　フフフフフ。
大久保　でもまずそこから、まずそこからよ。
いとう　まずそこからね。
大久保　まずそこから、穏やかにいこう。
いとう　確かに、真綿の優しさなんて。忘れちまったなー。
大久保　ねー。で、ホットミルク、ちょっとお砂糖入れてあげるから。
いとう　いや、え？　佳代ちゃんがやってくれるの!?
大久保　うん、もう私がやってあげます。
いとう　私を真綿でくるんでくれるの？
大久保　で、ホットミルクあげますからね。
いとう　よーし、すぐ寝よう！
大久保　はい。
いとう　ということで、そろそろお別れです。

新しいことわざ 23

雨降って
歩き方が
変なことに気づく

いとうあさこ

〈作〉いとうあさこ

〈挿絵〉柳原哲也

（アメリカザリガニ）

意味

雨の日に、右脚のズボンの裾だけ汚れているようなことがあり、そこで自分の歩き方が歪んでいることに初めて気づく。つまり、ひょんなことから何かが発覚することがある。

新しいことわざ 23
「雨降って　歩き方が変なことに気づく」

解説　2023年6月29日放送

いとう　「雨降って　歩き方が変なことに気づく」。
大久保　お！　どういうことでしょう？
いとう　あのー、ない？　靴の減り方とかもそうなんだけど、そのせいだと思うんだけど、なんか右脚のズボンの裾だけ、ふくらはぎのあたりがめっちゃ汚れるとかさ。
大久保　あー！　はね返りとかね？
いとう　そう、はね返り。
大久保　ハイハイハイ、あるあるある。
いとう　あれ？　私、普通にまっすぐ歩いてるつもりだったのに、なんか右の裏側だけめっちゃ汚いけど、みたいな。
大久保　あるね、確かに。
いとう　そうやって、あ、じゃあ私、歩き方が歪んでるんだ、ってことを雨の日に知ったという。
大久保　左足が上がってないとか、どっちかが上がりすぎてるとかね？　なんか確かに、ありますわ。

いとう　だから、総じてあれかな？　ひょんなことで発覚することがある。
大久保　なるほど、なるほどね。
いとう　どう？
大久保　思いがけず発見することあるよ、みたいな。
いとう　意味つけてみたけど。
大久保　いいんじゃないでしょうか。
いとう　あ、先生、いいですか？
大久保　あのー、ひょんなことで、何か、新しい何かを発見する。いいじゃないですか。そういうことだと思います、この企画の意図は。
いとう　ハハハハ。
大久保　汲んでると思います。
いとう　適当なんだけどね。信じられないスピードで作ってるよ、これ。
大久保　でも、ことわざさ、わかんなくなってきたよね、作っててさ。なんか、本来の意味から、新たな意味なんて、もうわかんなくなりつつやってますけど、まあ続けてやっていきますけどね。
いとう　もうちょっとやりまーす！
大久保　まあ、もうちょっとやります！

新しいことわざ

24

ウドの『天野くん』

大久保佳代子

〈作〉大久保佳代子

〈挿絵〉平井善之

（アメリカザリガニ）

意味

シンプルに相手のことが「大好き！」ということ。

新しいことわざ 24
「ウドの　『天野くん』」

解説 2023年7月6日放送

大久保 今日のことわざは、「ウドの　『天野くん』」。
いとう フフフフ。
大久保 「天野くん」「天野くん」「天野くん」って言う、あのキャイ～ンのウドさん。
いとう あ、そう、今終わってたんですね、「ウドの天野くん」で。
大久保 そうです。「ウドの天野くん」で終わりです。
いとう 最高じゃない？　いいじゃない。
大久保 要は、「大好き」っていうことですね。
いとう うわー。
大久保 「天野くん」「天野くん」「天野くんさー」「天野くんさー」って言って。
いとう かわいいよねー、ウドさんて。
大久保 かわいい。
いとう なに、あの人！
大久保 で、天野くんいないと、ちょっとパニックになっちゃったりする
ウドさんとかも、たまにね、見れるじゃないですか、ピンのときの。

いとう　大好きだもんね。
大久保　大好き！　で、天野さんがそれを大きな懐で、包み込んであげて、「ウドちゃん」「ウドちゃん」って言って。
いとう　うん。
大久保　だからもうシンプルに、「大好きな」「大好きだよ！」って意味でございます。
いとう　わかる！　私、喉の吸入器持ってるんだけど、小型の。それ、ウドさんの顔の巾着に入れてる。ハハハハ。
大久保　いやー、なんていうか、あの人に会うと癒やされるよね。
いとう　そう。で、巾着の口のところが黄色になってるから、しぼるとちょうど、髪のところの、モヒカンみたいになるのよー。
大久保　うんうん。いや、会いたいなー、会ってないなー。
いとう　あ、じゃあ今度、巾着持ってくるね。そういうことじゃないか。
大久保　いやいやホントにね、幸せになりますね。
いとう　仲良しは良きことなり。
大久保　はい、じゃあそろそろお別れのお時間です。

新しいことわざ 25

壁に耳
ありましたら、
そりゃ恐ろしいですわ

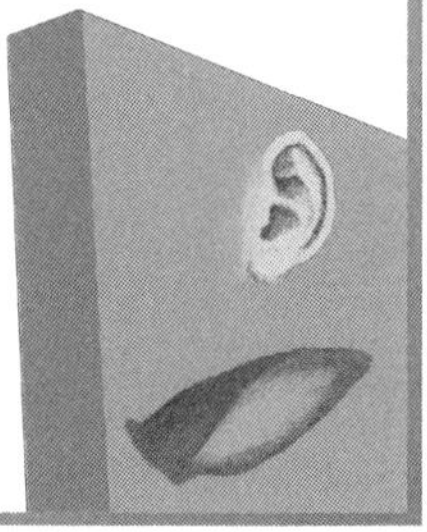

いとうあさこ

〈作〉いとうあさこ

〈挿絵〉平井善之

（アメリカザリガニ）

意味

不動産を内見して
壁に耳があったら恐ろしいから、
そこは選ばないほうがいい。
つまり、ちょっとでも
気になるところがあったら
やめましょう、ということ。

新しいことわざ 25
「壁に耳　ありましたら、そりゃ恐ろしいですわ」

解説　2023年7月13日放送

いとう　「壁に耳　ありましたら、そりゃ恐ろしいですわ」。
大久保　うんうん。
いとう　壁は、やっぱり平らなほうがいい、っていう。
大久保　意味ですか？
いとう　耳出てるとこはねー、内見に行って、もし壁に耳がありましたら、それはちょっとヤだな、っていう。
大久保　えーと？　耳？
いとう　だから内見行ったときに、ちょっとでもヤな部分があったら。
大久保　あ、そこね。
いとう　それは住まないほうがいいっていう意味です。
大久保　あ、お願いします。そこまでですね。もうちょっと何か一般的な意味に変えてくれないと。壁に耳があったらヤだなっていうのは、もうホラーだし。
いとう　壁に耳ありましたら。
大久保　うん。

いとう　ちゃんと「耳あり」の「あり」も活かしましたからね。丁寧に言ってみました。
大久保　うん。
いとう　壁に耳ありましたら、そりゃ恐ろしいですわ。で、内見でちょっとでも気になるところがあったら。
大久保　やめましょうっていう意味でいいですか?
いとう　うん、壁は平らなほうがいいよね、っていう意味です。
大久保　まあ、たいていそうですけどね。ことわざってこういうことなのかなぁ?
いとう　そう、そういうことだと思います。
大久保　ホント?
いとう　こういうことをちゃんと言わないと、ちょっと気づかない方っていうのは、結構いるんで。
大久保　ああ、なるほど。
いとう　注意喚起も含め、言ってみました。
大久保　なるほど。お願いしますね。
いとう　はい、そんなこんなでお別れです。

新しい
ことわざ
26

釈迦にラップ

〈作〉大久保佳代子

〈挿絵〉柳原哲也

（アメリカザリガニ）

意味

ラップで何かを伝えようと
する人もいるこの時代に、
お釈迦さまも説法だけではダメですよ。
つまり、お釈迦さまに限らず誰でも
アップデートはときには必要、ということ。

新しいことわざ 26
「釈迦に　ラップ」

解説　2023年7月20日放送

大久保　本日のことわざは、「釈迦に　ラップ」です。
いとう　わー、何？ どういうこと？
大久保　あのー、お釈迦さまもね、ちょっとこの、甘えてるというか。なんか、ずーっとこの説法するってことのアップデートがされてないんですよ。
いとう　なるほど。
大久保　でも、世の中変わってきて。今どきは、ラップでものを伝える人もいるじゃないですか。
いとう　ヘイ、ヨー！
大久保　ヘイ、ヨー！ みたいに、ラップで伝えてくる人もいるんで、お釈迦さま、まあひいてはみんなですね。時代に合わせてアップデートすることが、ときには必要ですよ、っていうことです。
いとう　あら、素敵じゃない!?
大久保　「釈迦に　ラップ」ということで。
いとう　いい、いいですね。
大久保　そうですね、これはみなさんに言えることだと思うんでね。

いとう　うん、柔軟にね。
大久保　そうそう、柔軟に。別に昔のものをすべてなくせじゃなくて、こういうものもありますよって、取り入れてください、という意味です。
いとう　確かに、説法をリズムにのせたって、いいわけですからね。
大久保　そう、いいですよね。もちろんもちろん。
いとう　ヘイ、ヨー！
大久保　これはね、イラスト、描きやすいんじゃないかと思ってね。
いとう　わー、どっちが担当する、これ？
大久保　お釈迦さま描いて、なんかラッパーがこう、お釈迦さまに向かって、なんか言ってるようなね？
いとう　ヘイ、ヨー！　でもわかんないか、お釈迦さまは目つぶって聞いてないかもしれない。
大久保　あ、全然ね、「チーン」ってなってるかもしれないね。
いとう　ハハハハ、楽しみですね。
大久保　楽しみです。
いとう　じゃあそんなこんなで、終わりましょう。

新しい
ことわざ

27

暖簾に
名前入れたやつ、
いつか佳代ちゃんに
プレゼントするの

〈作〉いとうあさこ

〈挿絵〉柳原哲也

（アメリカザリガニ）

意味

いつか友だちが
（人生の）大きな舞台に
出ていくのを楽しみにしている、
という意味。

新しいことわざ 27
「暖簾に　名前入れたやつ、いつか佳代ちゃんにプレゼントするの」

解説　2023年7月27日放送

いとう　「暖簾に　名前入れたやつ、いつか佳代ちゃんにプレゼントするの」。
大久保　ほしい！
いとう　あの、ほら、舞台。
大久保　楽屋のね？
いとう　これ、いつか友だちが大きな舞台に出ていくのを楽しみにしているよ、っていう意味ってどう？
大久保　フフフフ、まあ、どう？　って言われてもねー。うん、いいよ、そういう人たちもいっぱいいるからね。人生の大きな舞台っていう意味も入れときます？
いとう　うん、そう。いいね、人生の大きな舞台。いつかさ、ウチらがもうちょっと歳取ってさ、なんかわかんないけど、すごい舞台とか出たときに、名前の入った暖簾、なんかみんなプレゼントしあってるじゃん？
大久保　そうだねー。
いとう　先輩からとかさ、友だちからとか。

大久保　うんうんうん。
いとう　ああいうの一回やってみたいなーと思って。
大久保　じゃあ約束ね。
いとう　うん。暖簾に名前入れたやつ、いつか佳代ちゃんにプレゼントするの。
大久保　うん、わかった。じゃあ約束ね。
パコ美ちゃんでも挿絵で入れてもらって。
いとう　あっ、ちょっとそれ忘れちゃうから、暖簾作るとき、また言って。
大久保　いや、あさこさん絶対思い出すよ。
いとう　ホント？
大久保　約束ね。
いとう　うん、では終わりましょう。
大久保　以上、『あさこ・佳代子の大人なラジオ女子会』でした。

新しい
ことわざ

28

井の中の蛙
小さい池から
ゆっくりね

〈作〉大久保佳代子

〈挿絵〉平井善之

（アメリカザリガニ）

意味

無理はしないでまず一歩、
ゆっくり踏み出せばいい。

新しいことわざ 28
「井の中の蛙　小さい池からゆっくりね」

解説　2023年8月3日放送

大久保　今回は「井の中の蛙　小さい池からゆっくりね」。
いとう　うわぁー。
大久保　あのー、まあ、いろんな状況があって、世間を知らないままきた人が、急に大海になんか出ちゃダメですよ、という。
いとう　危ない、危ない。
大久保　ムリムリムリ！　もう傷つけられるし、ちょっとパニックになっちゃいますから。だから、ちっちゃい池からね、片足突っ込むぐらいから始めて。で、イヤだったら戻ればいい。
いとう　うん、戻れるくらいの距離の、小さいとこ、行こうっていうね。
大久保　そう！　だからもうホントに、ムリはしない、っていう意味です。
いとう　いや、ホントに、いいと思います。
大久保　ホントですよね。今さ、世の中は、そんなもう「働けよ！」とか、「家ばっかいないで」とかって、ちょっと強めなこと多いじゃない？
いとう　うん。
大久保　でもいろんな事情があってね、おうちから出れない人もね、いっぱいいるから。そしたらもう、まあ出る気持ちがある人は、ゆっくり出ましょう。

いとう あ、まず一歩？

大久保 そう！まず一歩でいいの。

いとう そういうことだよね？ちょっとだけ、顔出すだけでも違うよ。窓開けて、空気吸うのでもいいもんね？

大久保 それでいい！もうちょっと英会話と一緒だね。なんでもいい、ちっちゃいことでいいから、一歩踏み出せばいい、って。

いとう そうそうそう、日々だからね、ムリはしない。

大久保 そう。優しい世の中になろう、ってことよ。なんかさ、引っ張り出すんじゃなくて。

いとう そうそうそう、ムリに引っ張ったって痛いじゃない？

大久保 痛い！肩抜けちゃう、まあ、自分で入れちゃいますけどね。

いとう ハハハハ、上手！生き上手！

大久保 はい、そんなこんなで、また次回です。

新しい
ことわざ 29

仏の顔も
ふくよか

〈作〉いとうあさこ

〈挿絵〉柳原哲也

（アメリカザリガニ）

意味

仏の顔もふくよか。
だから自分がふくよかとか
言われたっていいじゃない。
つまり、自分を信じて
進みましょう、ということ。

新しいことわざ 29
「仏の顔も　ふくよか」

解説　2023年9月7日放送

いとう　本日のことわざは、「仏の顔も　ふくよか」です。
大久保　ほうほうほう。どういうことでしょう？ 新しい意味合い的には？
いとう　だからいいじゃない、っていう。フフフフ。
大久保　ちょっと待って、え？
いとう　私がね、よく顔が丸いだの、なんだの。
大久保　あ、そうね、言われるね、お得意様。
いとう　からだが大きいだの、お腹が出てるだの。
大久保　うん、うん、
いとう　いろいろ言われますけど。
大久保　ま、そんなには、思ってるだけで言ってないですよ、誰も。
いとう　でも思ってますよね？
大久保　うん、思ってます。思ってるけど、そんなには言ってないです。
いとう　だから、仏の顔を見てみてください、と。
大久保　うん。

いとう　ふくよかじゃないですか？
大久保　まあ、あのほがらかなねー。
いとう　はい。
大久保　いいお顔されてる。
いとう　だからいいじゃない、っていう。フフフフフ。
大久保　あれ、新しいことわざの意味としては、「だからいいじゃない」ですか？
いとう　「だからいいじゃない」です。
大久保　あぁ。
いとう　なので、あの、人から何か言われても、自分を信じて進みましょう、って意味ですね。
大久保　なるほどー。
いとう　はい。
大久保　じゃあ、お別れです。
二人　ハハハハハ。

新しいことわざ 30

勝って兜をかぶってショータイム!!

大久保佳代子

〈作〉大久保佳代子

〈挿絵〉平井善之

（アメリカザリガニ）

意味

大谷翔平選手のように
勝ったら兜をかぶって
喜んではしゃいじゃいましょう。
つまり、調子に乗れるときなんて
そんなにないから謙遜せずに
調子に乗っちゃいましょう、ということ。

新しいことわざ 30
「勝って兜を　かぶってショータイム!!」

解説 2023年9月14日放送

大久保　「勝って兜を　かぶってショータイム!!」です。
いとう　わぁー、ちょっと教えて。ちょっと英語っぽくなった、最後。
大久保　今まさにじゃないですか？　大谷翔平さんが、勝って兜をかぶって。
いとう　ああー！　なるほど。
二人　ショータイム!!
大久保　あんなジャパニーズな伝統的なものをかぶって、「イェイイェイイイェイイェイイェーイ！」って。
いとう　誰かがかぶらせてくるもんね、あれね？
大久保　そうそう。だから、もう勝ったときははしゃぎましょうという、逆の意味のことわざです。
いとう　兜をかぶってはしゃぎましょう、か。
大久保　そうそうそう。もう、兜になんなら、酒ついで飲んでもいいし。
いとう　ハハハハ。
大久保　もう、緒の部分をね、グルングルン回してもらってもいいし。あのね、調子に乗るときに乗らないと、乗りそこねると思ったの。

いとう 確かに。
大久保 なんか謙遜ばっかして、「いやもう、そんなんじゃないですから」って言ってたらね、乗らずに人生終わるぞ、って思って。
いとう 調子に乗ることなんか数知れず、いや知れてますからね。
大久保 そうそう、実際はあるかないかだからね。たまーに、勝ったときにはね、調子ぶっこきましょう！
いとう はしゃぐときは、はしゃごう！
大久保 そう。「勝って兜をかぶって　ショータイム!!」です。
いとう わー、じゃあこれ、大谷先生の兜を見るたびに、忘れないことわざになるね。
大久保 いいね、これまた何年後かに見たときに、「ああ、この時代だったか」とかもわかるしね。「大谷選手がもう、すごい活躍してたときだった」って。
いとう すごいよ、でもそのときも、まだ活躍してるかもよ？
大久保 そっかー。
いとう 以上、『あさこ・佳代子の大人なラジオ女子会』でした。

新しい
ことわざ 31

川原の焼け石に
肉をのせたら焼ける、
それが令和の夏

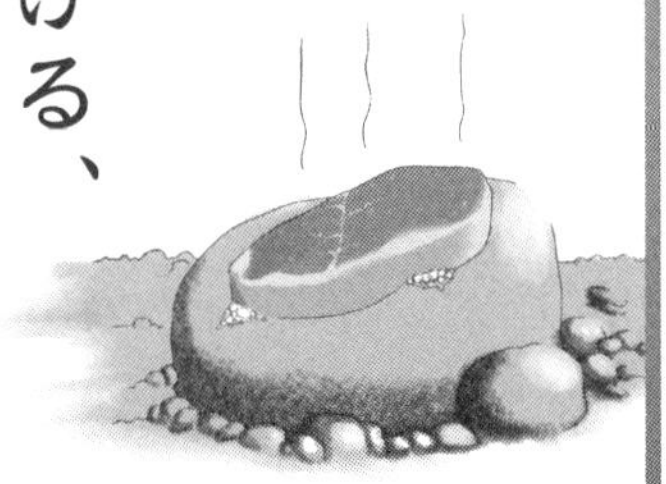

いとうあさこ

〈作〉いとうあさこ

〈挿絵〉平井善之
（アメリカザリガニ）

意味

令和に入ってからの夏は、
川原にある石で
肉が焼けるくらいの猛暑なので、
それを忘れないようにしよう。

新しいことわざ 31
「川原の焼け石に　肉をのせたら焼ける、それが令和の夏」

解説　2023年9月21日放送

いとう　「川原の焼け石に　肉をのせたら焼ける、それが令和の夏」。
大久保　あ、素晴らしい。
いとう　ありがとうございます。
大久保　時代をこう、ちょっと斬ってるじゃないけどね。
今年の、もう灼熱地獄……。
いとう　ホントに。それで気温って、ニュースとか見るとよく出てるけどさ。
大久保　うん。
いとう　でも、体感としてはさ、それ以上に下の地熱すごくない？
大久保　そうそうそう。
いとう　コンクリとか石の。
大久保　そうそう！
いとう　だから、もう川原とかにロケで行ったときの、あの石の熱さね。
大久保　そう！
いとう　これ肉焼けるぜ、っていう。
大久保　焼けますね、今ね。

いとう　それをちょっと、忘れないようにと思いまして。
大久保　いやぁ、ホントに。
いとう　でも、単に「焼け石に肉をのせたら」って言うと、なんか普通のいい焼き肉屋さんみたいになっちゃうから。
大久保　あー、「川原の」ね？　もう自然にあるものにってね？
いとう　自然の石に、ということで、ちょっと、上の句の前につけさせていただきました。
大久保　ちょっと暴挙ですね！
いとう　暴挙に出ました。
大久保　崩しだしましたね。新しいことわざのスタイルを、ここにきて。
いとう　はい、もう大丈夫です。
二人　ハハハハハ。
いとう　すみません。そんなこんなで、また続きを作っていきましょう。
大久保　ということで、そろそろお別れでございます。

新しい
ことわざ
32

飼い犬に
肛門を
擦りつけられるんですけどぉ〜

大久保佳代子

〈作〉大久保佳代子

〈挿絵〉柳原哲也

（アメリカザリガニ）

意味

相手を信頼しているからこそ、
背中を預ける、
いや肛門を擦りつける。
つまり、相手に
安心感を持っている、ということ。

新しいことわざ 32
「飼い犬に　肛門を擦りつけられるんですけどぉ〜」

解説 2023年9月28日放送

大久保　「飼い犬に　肛門を擦りつけられるんですけどぉ〜」っていう。
いとう　かわいい〜んですけどぉ〜。
大久保　パコ美ちゃんがねー、最近寝てるとね、こう私が枕で寝てると、まあ近くで寝てくれるのはいいんですけど、明らかにこめかみのところに、自分のお尻部分を、ギュッとこうくっつけて。
いとう　え、お顔じゃなくて？　お尻をつけてくるの？
大久保　お尻なの。
いとう　なんでだろうか？
大久保　犬って、それが安心感なんだって。
いとう　あ、合ってんだ!?
大久保　背を向けるじゃないけど、要は安心しきってるから、背中を預ける。まあウチの子は、それが結局肛門になっちゃってんだけど。
いとう　ウフフフ。
大久保　その肛門を、キュンッとこうくっつけて、寝てね〜。
いとう　かわいいね〜。

大久保　かわいい〜の。
いとう　スリスリすんだ、お尻を？
大久保　スリスリしたら、ひっぱたくけどね、ホントに。
肛門スリスリしてきたら、さすがに。
いとう　ギリギリのラインなんですね、そこが？
大久保　ピトッてね、くっつけるぐらいだったら、もうかわいいの。
いとう　そうすると佳代ちゃんも安心感？
大久保　そうね、うれしい。
いとう　お互いね？
大久保　そう、もうホントに。群れみたいな感覚ね。
2匹だけの群れだけどさ。
いとう　うわぁ、じゃ今度、パコ美が寝てるとき、
佳代ちゃんがお尻つけてあげたら？
大久保　あ、大丈夫かな？
いとう　逆に。
大久保　嗅覚強いけど？
二人　ハハハハハ。

新しい
ことわざ

33

二足の靴、
だいたい大きいのが私

いとう
あさこ

〈作〉いとうあさこ

〈挿絵〉柳原哲也

（アメリカザリガニ）

意味

靴を脱いでお店に入り、
帰りにたくさんの靴が
並んでいても、自分の靴は
大きいのですぐにわかる。
つまり、間違えにくいさま。

新しいことわざ 33
「二足の靴、だいたい大きいのが私」

解説 2023年10月5日放送

いとう 本日のことわざは「二足の靴、だいたい大きいのが私」です。
大久保 二足の靴？
いとう 並んでます、お店とかで脱いで上がってね。で、帰るときにパッと見て。大きいのだいたい私。
大久保 うん。
いとう 幅広。足も、もう25・5まで大きくなりました。
大久保 あ、伸びてるんですか？
いとう はい、伸びてるんです。なんでまあ、総合して、間違いにくいさま、っていう意味ですかね。
大久保 あ、一発でわかるよ、っていうこと？ わかりやすいよってこと？
いとう はい、間違いにくいさまです。でもすごいのがさぁ、女芸人が、例えば12人で行ってみんな靴脱ぐとさぁ、なんか脱ぎ方の形とかさ。
大久保 あー、あるだろうね。
いとう そういうので、だいたい、ほぼ一発で、自分の靴、わかる。
大久保 同じのを履いてたとしても、ってことだよね、それはね？

いとう　そう、みんな同じ靴なんだけど。なんかあるよね、自分の大きさとか、雰囲気とか。脱ぎ方とかね。
大久保　脱ぎ方ね。
いとう　まあ、そろえるけど、なんかちょっとペラッとなってるとことか、紐の感じとかね？
大久保　ちゃんとそろえる人いるね。確かにね、毎回。それでなんかさぁ、みんなのそろえてあげたりするね？　いるね、そういう女ね？
いとう　私、結構するかも、ごめんね。
大久保　これ見よがしに、こうやって。
いとう　いや、これ見よがしじゃないのよ。
やっぱね、ちょっとそろえといたほうが、履くときいいじゃない。
大久保　こうなんか、私ってデキる女でしょ、みたいな顔しながら、こうやって。
いとう　私、そんな顔してるかな〜？
大久保　違う違う、私がさ、やられる側だから。やられる人間からすると、わぁ、なんかすげぇ、マウントとってんじゃんコイツ、って思っちゃう。
いとう　あ、確かにね、目の前でやられるとね。
大久保　いえ、卑屈なね、卑屈な人生ですいません。

新しいことわざ

34

あばたも
加工しちゃうから
幻滅

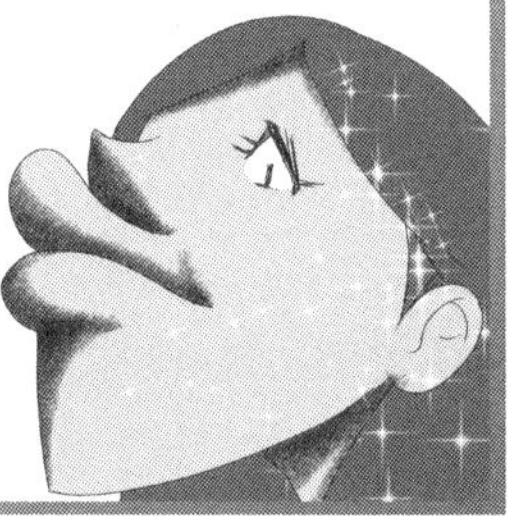

大久保佳代子

〈作〉大久保佳代子

〈挿絵〉平井善之

（アメリカザリガニ）

意味

マッチングアプリなどの写真はすぐに加工してしまうけれど、実際に会ったときに「写真と違う」となってガッカリさせてしまう。つまり、加工しすぎないように、ありのままの自分でいましょう、ということ。

新しいことわざ 34
「あばたも　加工しちゃうから幻滅」

解説 2023年10月12日放送

大久保　「あばたも　加工しちゃうから幻滅」です。
いとう　あばたも……、幻滅？
大久保　そう、加工しちゃうから、幻滅。
いとう　逆に？
大久保　そう。今さぁ、やたらとさぁ、マッチングアプリでもなんでも、加工しちゃうじゃない？
いとう　写真をね？
大久保　そう、写真を。で、いいな、この写真かわいいな、って実際会ってみると、ガッツリあばたなわけですよ。で、幻滅！
いとう　言い方！　そういうことねー。
大久保　そう！
いとう　ガッツリあばたね？
大久保　そう、だからこの、あんまり加工しすぎるのは良くない。もうありのままの自分でいましょう、っていうことです。
いとう　いや、ホントに。あれ、こっちの年齢的にそう感じるのかもわかんないけどさ、加工しすぎて逆に変になってるじゃん。
大久保　いや、ホントにホントに。
いとう　ここ何年かの写真。あの、目パッチリで。
大久保　あごがね？
いとう　あご、ガーッてなって。
大久保　細ーくなって。
いとう　唇もブワーッてなって。で、化け物みたいになってるけど。
大久保　いや、ホントにね。
いとう　あれを、かわいいとしてるのか、ふざけて、キャキャキャ、こんなふうになったー、なのかな？
大久保　わかんないのよ、もう加減がね、私たちの世代からするとね。ほどよくね、ちょっと色白にするとかぐらいだったら、まだいいですけど。
いとう　皮膚感をツルッとするとかね？
大久保　そうそうそう。やりすぎると、もう幻滅しますんで、ホントにね。
いとう　ハイ。丸出しの二人が、今日もお届けいたしました。
大久保　そうです、素材そのままで行きましょう！

新しい
ことわざ
35

石の上にも
メイク室の椅子にも
3年どころか
10分座ってらんないから
ヤになっちまう

〈作〉いとうあさこ

〈挿絵〉平井善之
（アメリカザリガニ）

意味

最近、キチッとじっと待つことが
どんどんできなくなって
きているので、戒めを込めて
「もうちょっと落ち着いて
暮らしたいものですね」ということ。

新しいことわざ 35
「石の上にも　メイク室の椅子にも 3年どころか10分座ってらんないからヤになっちまう」

解説　2023年10月19日放送

いとう　本日は、「石の上にも　メイク室の椅子にも3年どころか10分座ってらんないからヤになっちまう」ですよ。

大久保　長めですね、非常に。

いとう　でもこれ、佳代子さんもわかりません？

大久保　うん。

いとう　なんかこう、じっとしてんのが。ちょっと、どんどんできなくなってきて。

大久保　まあね、うん、わかるわかる。

いとう　いや、あの、自分ちでゴロゴロすんのは、いくらでもできんのよ。なんかこう、キチッとこう座ってるとかが。ちょっとこう、「イーー」ってなっちゃうっていうか。

大久保　わかります。

いとう　あの、待ってらんないっていうか、これなんだろうね？

大久保　はいはいはい。なんかモゾモゾしちゃうね？

いとう　短気は損気とよく言いますが。それをちょっと思い出してね。

大久保　そうねー。
いとう　メイク室でゆっくり座ってらんない、とかね？
大久保　まあ、なんかだからね、メイクもういいだろうとか、
丁寧にやりすぎていただくと、ちょっと思っちゃうのかな？
いとう　そうそうそう。あの、こっち的にはもう完成なんですけどって。
大久保　そうそうそう。
いとう　髪をちょっと、またクルッてね、したりとか。
大久保　そうね、向こうはプロ根性でやっていただいてますからね。
でも、ちょっとそこが「ん？」とか、思っちゃったりしてね。
いとう　なので、もうちょっと落ち着いて暮らしたいものですね、っていう。
大久保　そういう意味合いね？
いとう　そう。自分への戒めも込めて、こちらを読ませていただきました。
大久保　ゆっくり行きましょう、ってことだよね？
いとう　ハイ！　そういうことです。

新しいことわざ 36

転ばぬ先の
心配性ばばぁ

大久保佳代子

〈作〉大久保佳代子

〈挿絵〉柳原哲也

（アメリカザリガニ）

意味

あさこさんは心配性で気遣いできる人で、
たまにその気遣いがうざいときもあるけど、
今後のことを考えたら
そういう人が近くにいたほうがいい。
つまり、心配し合って
長生きしましょう、ということ。

新しいことわざ 36
「転ばぬ先の　心配性ばばぁ」

解説 2023年10月26日放送

大久保　「転ばぬ先の　心配性ばばぁ」。身に覚えがね、あると思います。
いとう　痛い、胸が痛い！
大久保　ホントにあの、あさこさんって、基本心配性だし、気遣いの人だってみなさんご存じだと思いますけど、私がちょっと普通に歩いてるだけで、「ここ今、段差ありますから！　そこ濡れて水たまりありますから！」って。
いとう　うるさいうるさい。
大久保　「そこちょっと滑りますから！」って、すっごい言ってくれるの。ちょっと多めな気遣いがありがたくも、ま、たまにね、まあまあ反抗期なのか、「うぜえな」と思うときもあるんですが。
いとう　いや、思うと思う。
大久保　結果的に、今後のことを考えたら、そのぐらい心配性のばばぁがいたほうがいい。だから、一家に一台じゃないけど、一人に一ばばぁ。
いとう　ハハハハハハ。
大久保　一人に一心配性ばばぁを、みなさん持ちましょう、っていうことわざです。

いとう　確かに。すぐ言うもんね、あの、人間ドック行った？なんて。
大久保　うん、そうそうそう。
いとう　行ったほうがいいよー、とかね？
大久保　ホントそうね？そういうこと。そうやって、あの、心配し合って、長生きしましょう、っていうことですよ。
いとう　だって、そういうの、ほら、夫婦もさぁ、なんかの統計で、結婚してる人は7～8年寿命が長いって。
大久保　あー、言うね。
いとう　配偶者がお互いのことを、「顔色悪いけど、病院行ったら？」とか。自分ひとりだったらそのままにするところを、気遣ってくれる人がいると。配偶者はいないから、今そうだね？
大久保　そうね。だからちょっと、
あのー、ちょっとだけ太りすぎだから気をつけてね。
いとう　ちょっと？
大久保　うん。ちょっとだけ、ちょっとあのー、なんか太っちゃってるから、気をつけてね。
いとう　はい、すみません。ではお別れです。

新しいことわざ

37

〈作〉いとうあさこ

〈挿絵〉柳原哲也

（アメリカザリガニ）

意味

あの森光子さんが、
年を重ねてからもでんぐり返しで
大拍手をもらっていたように、
生涯現役でがんばる魂を
見習いたい！　ということ。

新しいことわざ 37
「三つ子の魂より　光子の魂」

解説 2023年11月9日放送

いとう　「三つ子の魂より　光子の魂」っていう、ことわざです。
大久保　どういう意味でしょうか？
いとう　森光子さんのようにね。
大久保　はい。
いとう　やっぱり生涯現役で。
大久保　はい。
いとう　あのでんぐり返しさ。
大久保　してたねー。
いとう　振り返ると、実はすごくない？
大久保　すごい！
いとう　私、もう53で、でんぐり返し、多分できないもん。
大久保　私もできないと思う。
いとう　それをさ、あんないとも簡単に見えるように。
大久保　うん。
いとう　やって、うわぁーって、大拍手ですよ。

大久保　いや、ホントに。
いとう　あんな現役の方、いらっしゃらないでしょ？
大久保　では、生涯現役という意味でよろしいですか？
いとう　だから、そういうことです。
大久保　三つ子の魂より、光子の魂。
いとう　ハイ！
大久保　じゃあ、元気にいきましょう、今週も！
いとう　（誰かのモノマネ？）はい、今週も元気にがんばりましょう！
大久保　イヤハハハ、誰でしょうか？
いとう　お別れです。
大久保　『あさこ・佳代子の大人なラジオ女子会』でした！

新しい
ことわざ
38

楽あれば
調子ノリノリ
天狗でゴー！

〈作〉大久保佳代子

〈挿絵〉平井善之
（アメリカザリガニ）

意味

人生、「楽」なんて滅多にないので、次に「苦」が来るなんて思わずに、調子に乗ってもいいんじゃないか？

そういう人生のほうが楽しいんじゃないか？　ということ。

新しいことわざ 38
「楽あれば　調子ノリノリ天狗でゴー！」

解説　2023年11月16日放送

大久保　今回のことわざは、「楽あれば　調子ノリノリ天狗でゴー！」。こういうふうにしてみました。

いとう　わー、すごいノッてる。何これ、どういう意味？

大久保　人生、「楽」があったときに、次は、「苦」もあるんだろうなって考えるのも、まああると思うんですが。

いとう　うん。

大久保　「楽」なんていうのは、そう滅多にはないんだから、もう調子に乗ってしまえ、と。

イェーイ、今ラッキーだぜ！　へーイ！　ウェーイ！っていうね。

いとう　なるほどー。

大久保　そういう人生のほうが楽しいんじゃないか、ということです。

いとう　「苦」とか考えずに。

大久保　そう！　だって、人生、調子に乗ってきました？　今まで。

いとう　いや、ちょっと、調子の乗り方がよくわかんないです。

大久保　わかんない、ミー、トゥーです。

いとう　あの、大地に扁平足ベッタリつけて暮らしてきたもんで。
大久保　そうでしょ？ 飛びあがったこともないでしょ？
いとう　うん、やっちゃうからね、足首。
大久保　来世は、来世はもう。
いとう　え、なに？ 今世はもうダメ？ 今世はやらないの？
大久保　やらず、来世は調子ノリノリな人生もいいんじゃないか、そういう生活もいいんじゃないか、ということです。
いとう　いや、なんか気が楽になりました。ありがとう。
大久保　こちらこそです。
いとう　では、お別れです。

新しい
ことわざ
39

亀の甲より
部屋のお香

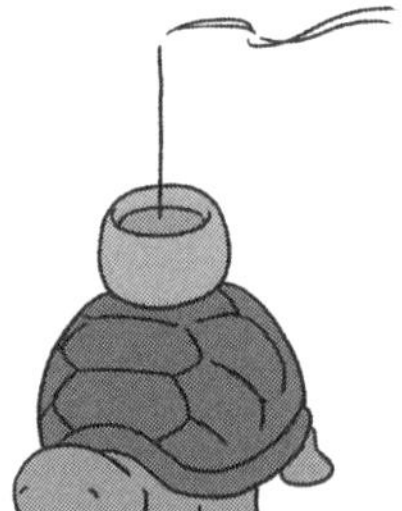

いとうあさこ

〈作〉いとうあさこ

〈挿絵〉平井善之

（アメリカザリガニ）

意味

占いも楽しいけど、
そういうものに頼らず、
自分のリラックス法を持って、
自分で自分の心の平穏を
保ちましょう、ということ。

新しいことわざ 39
「亀の甲より　部屋のお香」

解説

2023年11月23日放送

いとう　「亀の甲より　部屋のお香」です。
大久保　亀の甲より、部屋のお香？　ハイハイ、どういう意味ですか、これは？
いとう　占いも楽しいけど。
大久保　うん。
いとう　そういうものに、頼らずね、自分のリラックス法を持つ。それが一番、心の平穏じゃないか、っていうことをお伝えできればと。
大久保　なるほど。亀の甲は、昔、亀の甲で占いとかやってたから？
いとう　そうそうそう。
大久保　それをそういうふうに読み取って。
いとう　あ、「亀の甲より年の劫」の「亀の甲」も、結構そっちなんですよ。
大久保　あ、そっちの占いのほうなのね？
いとう　うん、そう、そうなの。
大久保　で、占いもいいけど、部屋のお香で、もう自分で機嫌をとりなさい、と。
いとう　ホントに香りに救われてます、私。玄関入ったときの匂いに。

大久保　あ、何の匂いがするの？
いとう　レモン。
大久保　あ、レモン。え？　レモン？
二人　ハハハハハ。
大久保　レモンのお香かなんか？
いとう　いやいや、お香ではなくて、香りにしてるんだけどね。
大久保　あ、そうなんだ。
いとう　そうそうそう。
大久保　ああいう、細長い木の棒みたいなのささってるヤツ？
いとう　うん、細長い棒のタイプのね。
大久保　確かにね。
いとう　なんか香りっていいじゃない？
大久保　きんもくせいが、今すごくいい匂いしますよね、外は。
いとう　素敵ね〜。
大久保　放送日には、ちょっと季節ズレちゃってるかもしれないですけど。
いとう　はい、ではまた次回です。

新しい
ことわざ
40

論より論じて証拠は捨てて

〈作〉大久保佳代子

〈挿絵〉柳原哲也

（アメリカザリガニ）

意味

ただただ論じてしゃべりたいだけなのに、
「間違い」を指摘されると興ざめする。
ましてや「証拠」なんか出さないでほしい。
真実とかホントのことなんか
いらない、ということ。

新しいことわざ 40
「論より　論じて証拠は捨てて」

解説　2023年12月7日放送

大久保　さて、新しいことわざも今回で最後ということで、「論より　論じて証拠は捨てて」です。
いとう　フフフ。え、今、考えながら読んだ？
大久保　ハハハハハ。
いとう　すごい詰まり詰まりでしたけど。
大久保　えー、「論より　論じて証拠は捨てて」ですよ。
いとう　うん。どういう意味でしょう？
大久保　あのー、まあ私たち、アラフィフあるあるですけど、証拠とか言われても、もういいじゃんそんなの。
いとう　うん。
大久保　こう、しゃべって、あーだこーだ言って、イヤそれは違うよ、これこれだからこっちだよ、とか言ってるとこに、いや二人とも違いますよ、こうですよって言われたら、興ざめじゃない？
いとう　興ざめ。
大久保　だから証拠とか、もう一切出さないでもらいたい！

いとう　わかる！
大久保　真実なんていらない、ホントのことなんかいらないの、もう。
いとう　答え合わせなんかしないで！
大久保　いや！　もうただただ論じて、しゃべりたいだけなんだから！
そんななんかね、もっともらしいこと、バーンって出して、
それは違うよ、ここにこう書いてあるから、みたいなの見せる人いるじゃん。
あーいうのがいらないって言ってます、私は！
いとう　ハイ。まったくです！
大久保　論より論じて証拠は捨てて！
いとう　新しいことわざのコーナー、最後、怒りで終了です。
大久保　次回からは新コーナーです。
二人　ありがとうございました！

STAFF
ロゴデザイン　ニイルセン
デザイン・DTP　澤田由起子（ARENSKI）
イラスト　アメリカザリガニ
撮影　加藤熊三
ヘアメイク　NHKアート
スタイリスト　篠塚麻里、野田奈菜子
企画協力　岡澤正樹（NHK）
プロダクション人力舎、マセキ芸能社、松竹芸能
編集協力・ライティング　高嶋順子（TeaTree Studio）
企画編集　花本智奈美（扶桑社）

あさこ・佳代子の大人なラジオ女子会
新しいことわざ

発行日　2024年7月2日　初版第1刷発行

著　者　NHK
大久保佳代子　いとうあさこ
アメリカザリガニ
発行者　秋尾弘史
発行所　株式会社 扶桑社
〒105-8070
東京都港区海岸1-2-20　汐留ビルディング
電話　03-5843-8843（編集）
03-5843-8143（メールセンター）
www.fusosha.co.jp

印刷・製本　中央精版印刷株式会社

Printed in Japan　ISBN978-4-594-09763-9